पदार्थों की सामर्थ्य – II

STRENGTH OF MATERIALS- II

Other related text books

An Introduction to Mechanical Engineering (2nd Ed.)	*Purohit, R.K.*
Canal Systems Automation Manual	*USDI*
Concrete Dam Instrumentation Manual	*USDI*
Concise Glossary of Geology	*Mathur, S.M.*
Design of Steel Structures-1	*Ram Chandra*
Design of Steel Structrues-2	*Ram Chandra*
Fluid Power and Tribology	*Agarwal, A.*
Fluid Power Engineering	*Purohit, R.K.*
Foundation of Mechanical Engineering	*Purohit, R.K.*
Fundamental of Fluid Mechanics	*Purohit, R.K.*
Gas Dynamics	*Purohit, R.K.*
Limit State Design of Concrete Structure	*Ram Chandra*
Material Science and Processes	*Purohit, R.K.*
Mechanical Engineering	*Purohit, R.K.*
Statistical Significance	*Bohra, A.K.*
द्रव शक्ति एवं स्नेहन	*अग्रवाल, अनिल*
इस्पात, लकड़ी व चिनाई की संरचनाएँ	*रामचन्द्र*
प्रबन्ध एवम् उद्यमिता (तृतीय संस्करण)	*शर्मा, वी.के. आदि*

पदार्थों की सामर्थ्य – II

STRENGTH OF MATERIALS- II

(प्राविधिक शिक्षा बोर्ड राजस्थान जोधपुर के पाठ्यक्रमानुसार)

CE 41/ AR41/ ME41

एन. मानवानी

(ए.एम.आइ.ई., एम.ई., एम.आइ.ई.)

प्रधानाचार्य, राजकीय पॉलिटेक्निक महाविद्यालय, श्रीगंगानगर

तथा

एम. मानवानी

(बी.ई., एम.ई.)

सांइण्टिफिक पब्लिशर्स (इण्डिया)

पो.बॉ. नं. 91 जोधपुर

प्रकाशक:
पवन कुमार
साइंटिफिक पब्लिसर्स (इण्डिया)
न्यू पाली रोड, जोधपुर – 342 001
E-mail: info@scientificpub.com
www.scientificpub.com

ISBN: 81-7233-485-0

ISBN:9788172334857
9 788172 334857
Price: 240/-

लेजर सेटिंग: राजेश ओझा
भारत में मुद्रित

प्राक्कथन

पदार्थ सामर्थ्य विषय अभियांत्रिकी की सभी भाषाओं के लिए आवश्यक आधारभूत विषय हैं। यह पुस्तक प्राविधिक शिक्षा मण्डल, राजस्थान, जोधपुर के विषय कोड 41 के पाठ्यक्रम को ध्यान में रखकर लिखी गयी हैं।

यह पुस्तक हिन्दी भाषा में लिखी गयी हैं तथा अध्यापन को सरल बनाने के लिए किन्हीं जगहों पर हिन्दी के साथ अंग्रेजी शब्द भी प्रयोग किए गए हैं। पुस्तक में सांख्यिकी प्रश्नों को व्यवस्थित तरीके से हल किया गया हैं जिससे विद्यार्थियों को सांख्यिक प्रश्नों को हल करने में आसानी रहें। पुस्तक में बहुत से सांख्यिकी प्रश्नों को चित्रों द्वारा भी समझाया गया हैं।

पाठयक्रम में न होने के बावजूद भी बहुत से सूत्रों को व्युत्पित किया गया हैं जिससे विद्यार्थियों को विषय को समझने में आसानी रहें।

प्रथम संस्करण होने के कारण पुस्तक के प्रुफ जांचते समय अत्यन्त सावधानी रखी गयी थी फिर भी कुछ त्रुटियों का रह जाना स्वाभाविक हैं। अतः विद्यार्थियों व अध्यापकगणों से निवेदन है कि अगर कुछ त्रुटियां या अशुद्धियां पायें या पुस्तक को ओर बेहतर बनाने के लिए सुझाव हों तो लेखकगणों को आवश्यक रुप से लिख दें। लेखकगण आपके अत्यन्त आभारी रहेगें।

एन. मानवानी
एम. मानवानी

विषय–सूची

अध्याय – 1

धरन विक्षेप
(Deflection of Beams)

1.1 भूमिका

धरनों के लिये उपयोग में लिये गये पदार्थ प्रत्यास्थ होते है। अतः यह सामान्य अनुभव की बात है कि किसी टेकदार धरन पर अनुदैर्ध्य भार (tranverse load) आरोपित होते है तो धरन भार की दिशा में विक्षेपित (deflects) हो जाती है। धरन के किसी भी बिन्दु पर विक्षेप केवल बंकन आघूर्ण के कारण होता है। चूंकि अपरूपण बल के कारण विक्षेप नगण्य होता है।

अतः धरन का अभिकल्पन इस तरह से किया जाता है कि धरन में बंकन प्रतिबल धरन पदार्थ के अधिकतम मान से अधिक नहीं हो तथा न ही धरन में विक्षेप अधिकतम मान से अधिक हो। अतः यह अत्यन्त आवश्यक है कि धरन का अधिकतम विक्षेप व उसकी स्थिति ज्ञात की जाए। धरन विक्षेप निम्न विधियों से ज्ञात कराते है –

1 द्वि–समाकल विधि (Double Integration Method)

2 मैकाले विधि (Mecauley's Method)

3 क्षेत्रफल–घूर्णविधि (Area-Moment Method)

3.2. विक्षेप के लिए अवकल समीकरण (Differential Equation for Deflection)

चित्र (1.1) में विक्षेपित चक्र की सुक्ष्म लम्बाई के निर्देशांक अक्षों OX व OY के सापेक्ष दर्शायी गई है।

माना R वक्रता त्रिज्या है। तथा $d\phi$ सुक्ष्म कोण है जो के द्वारा वक्रता के केन्द्र पर बनता है तथा ϕ, के का झुकाव (slope) है।

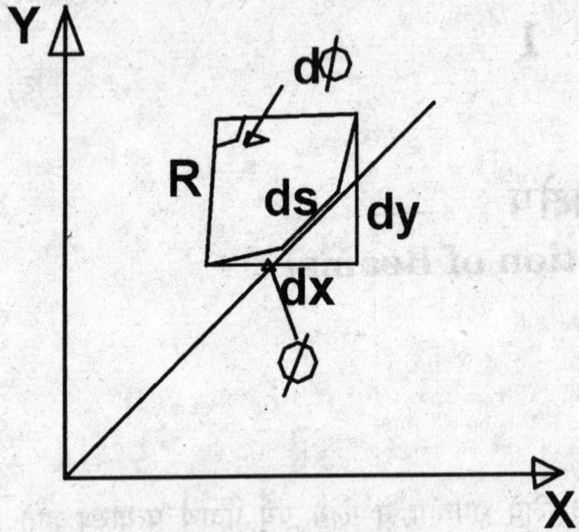

चित्र 1.1

ज्यामिति के द्वारा, हम देखते है कि –

$$ds = Rd\phi \quad \text{या} \quad \frac{1}{R} = \frac{d\phi}{ds} \tag{1.1}$$

चूंकि ϕ बहुत छोटा है अतः इसे $\tan\phi$ के बराबर माना जा सकता है।

$$\therefore \phi = \tan\phi = {dy}/{dx}$$

परन्तु, $\frac{1}{R} = \frac{d\phi}{ds} = \frac{d}{ds}\frac{dy}{dx}$ ($\because$ अत्यन्त छोटा है अतः ds = dx)

$$\therefore \frac{1}{R} = \frac{d^2y}{dx^2} \tag{1.2}$$

अब बंकन समीकरण से –

$$\frac{M}{I} = \frac{E}{R} \quad \text{या} \quad \frac{1}{R} = \frac{M}{EI} \tag{1.3}$$

अब, समीकरणों (1.2) व (1-3) से –

$$\frac{M}{EI} = \frac{d^2y}{dx^2} \quad \text{या} \quad M = EI\frac{d^2y}{dx^2} \tag{1.4}$$

समीकरण (1.4) उपर्युक्त अवकल समीकरण है।

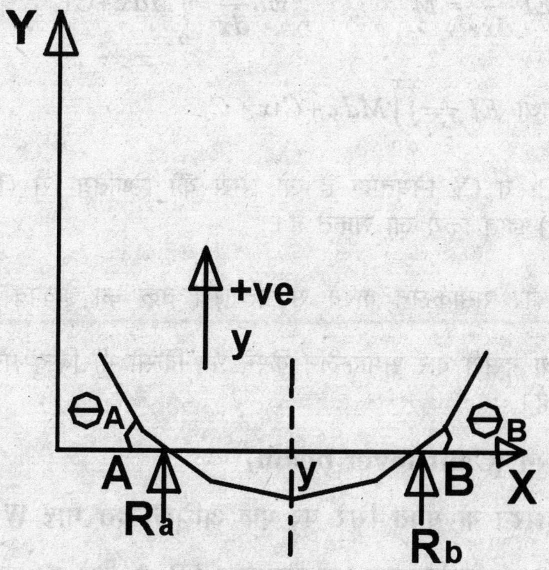

चित्र 1.2

1.3. चिन्ह परिपाटी (Sign Convention)

(i) ऊपर की ओर विक्षेप धनात्मक तथा नीचे की ओर विक्षेप ऋणात्मक लेते है।

(ii) चित्र में y ऊपर की ओर धनात्मक दर्शाया गया है।

(iii) बिन्दु A पर झुकाव θ_A ऋणात्मक लेते है।

(iv) बिन्दु B पर झुकाव θ_B धनात्मक लेते है।

(v) चित्र 1.2 में दर्शायेनुसार धरन में X-X काट लेते है।

(a) काट X-X के बायी तरफ के सभी बल धनात्मक लेते है।

(b) काट X-X के बायी तरफ के सभी दक्षिणावर्त आघूर्ण धनात्मक लेते है।

1.4. द्वि समाकलन विधि (Double Integration Method)

इस विधि में, आघूर्ण M की किसी सिरे से x दूरी तक समीकरण बनाते है। तत्पश्चात समीकरण (1.4) से,

$$EI\frac{d^2y}{dx^2} = M \qquad \therefore EI\frac{dy}{dx} = \int_o^x Mdx + C_1$$

$$\text{तथा} \quad EI\,y = \int_o^x\int_o^x Mdx + C_1x + C_2$$

यहां C_1 व C_2 नियतांक हैं जो सिरों की स्थितियों से (Boundary condition) ज्ञात किये जा सकते है।

प्रथम बार समाकलन करने से प्रत्यास्थ वक्र का झुकाव $\left(\frac{dy}{dx}\right)$ ज्ञात करते है तथा दूसरी बार समाकलन करने पर किसी भी बिन्दु पर विक्षेप (y) ज्ञात करते है।

1.5. बाहुधरन (Cantilever beam)

1.5.1. बाहुधरन के मुक्त सिरे पर एक अधिकेन्द्रित भार W

चित्र 1.3 में दर्शायेनुसार एक बाहुधरन AB, A सिरे पर आबद्ध है तथा अन्य सिरे पर B पर मुक्त है जहां अधिकेन्द्रीय भार W आरोपित है। माना मुक्त सिरे B से x दूरी पर एक काट X-X है तो X-X पर बंकन आघूर्ण,

$$M = -Wx$$

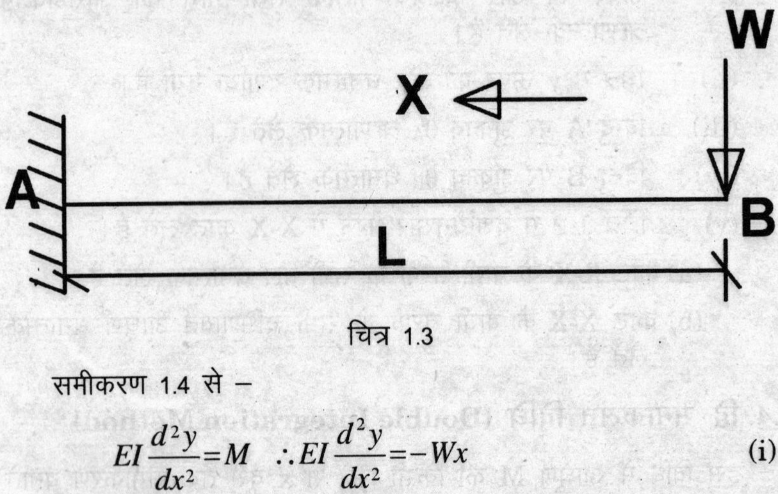

चित्र 1.3

समीकरण 1.4 से –

$$EI\frac{d^2y}{dx^2} = M \quad \therefore EI\frac{d^2y}{dx^2} = -Wx \qquad \text{(i)}$$

समीकरण (i) का समाकलन करने पर,

$$EI\frac{dy}{dx}=-\frac{Wx^2}{2}+C_1 \qquad \text{(ii)}$$

यहां C_1 समाकलन नियतांक है। आबद्ध सिरे A पर ढ़ाल शून्य होती है।

अतः $x=L, \frac{dy}{dx}=0$

ये मान समीकरण (ii) में रखने पर,

$$0=\frac{-WL^2}{2}+C_1 \text{ या } C_1=\frac{WL^2}{2}$$

समीकरण (ii) निम्न तरह हो जायेगी –

$$EI\frac{dy}{dx}=\frac{-Wx^2}{2}+\frac{WL^2}{2} \qquad \text{(iii)}$$

समीकरण (iii) झुकाव (slope) समीकरण है।

जबकि समीकरण (iii) का समाकलन करने पर,

$$EIy=\frac{-Wx^3}{6}+\frac{WL^2}{2}x+C_2 \qquad \text{(iv)}$$

यहां C_2 दूसरा समाकलन स्थिरांक है

∵ आबद्ध सिरें A पर विक्षेप भी शून्य होता है। अतः A सिरे पर, **x = L , y = o**

$$o=\frac{-WL^3}{6}+\frac{WL^3}{2}+C_2 \qquad \therefore C_2=\frac{-WL^3}{3}$$

अतः समीकरण (iv) निम्न तरह हो जाती है –

$$EIy=\frac{-Wx^3}{6}+\frac{WL^2}{2}x-\frac{WL^3}{3} \qquad \text{(v)}$$

समीकरण (v) विक्षेप की समीकरण जिससे बाहुधरन AB के किसी भी बिन्दु पर विक्षेप ज्ञात कर सकते है।

माना कि y_{max} अधिकतम विक्षेप है जो मुक्त सिरे B पर उत्पन्न होता है। जहां **x = o;**

समीकरण (v) से – $EI\,y_{max}=\frac{-WL^3}{3}$ या $y_{max}=\frac{-WL^3}{3EI}$ (1.5)

(ऋणात्मक चिन्ह नीचे की ओर (**downward**) विक्षेप दर्शाता है।)

समीकरण (iii), झुकाव समीकरण से –

$$EI\,\theta_{\max}=0+\frac{WL^2}{2} \quad \text{या} \quad \theta_{\max}=\frac{WL^2}{2EI} \tag{1.6}$$

1.5.2. बाहुधरन जिसमें अधिकेन्द्रित भार W मुक्त सिरे पर न हो

समीकरण (1.5) तथा (1.6) से – $\theta c=\frac{Wa^2}{2EI}\ \&\ y_c=\frac{Wa^3}{3EI}$

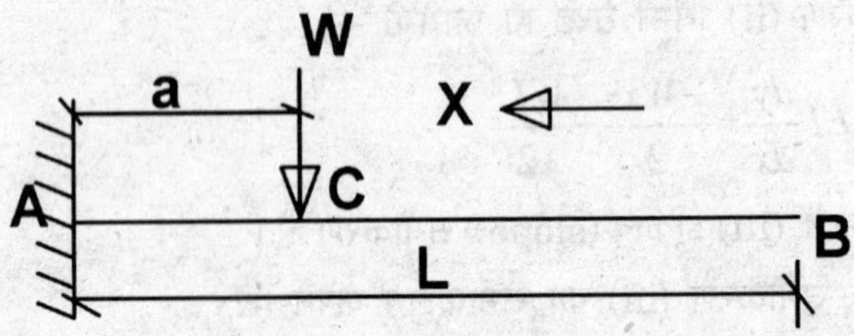

चित्र 1.4

चूंकि भाग BC पर कोई भार नहीं है। अतः यह सीधा (Straight) रहेगा।

अतः $\theta_B=\theta c=\frac{Wa^2}{2EI}$ तथा मुक्त सिरे पर विक्षेप

$$y_B=y_C+\theta_C(L-a)=\frac{Wa^3}{3EI}+\frac{Wa^2}{2EI}(L-a) \tag{1.7}$$

1.5.3. बाहुधरन पर समबांटित (Udl) के लिए

चित्र 1.5 में दर्शायेनुसार काट X-X पर बंकन आघूर्ण –

$$Mx=-\frac{wx^2}{2} \qquad i.e.\ EI\frac{d^2y}{dx^2}=\frac{-wx^2}{2}$$

समाकलन करने पर –

$$\therefore EI\frac{dy}{dx}=\frac{-wx^3}{6}+C_1 \tag{i}$$

$\because$ आबद्ध सिरे A पर ढाल शून्य होता है।

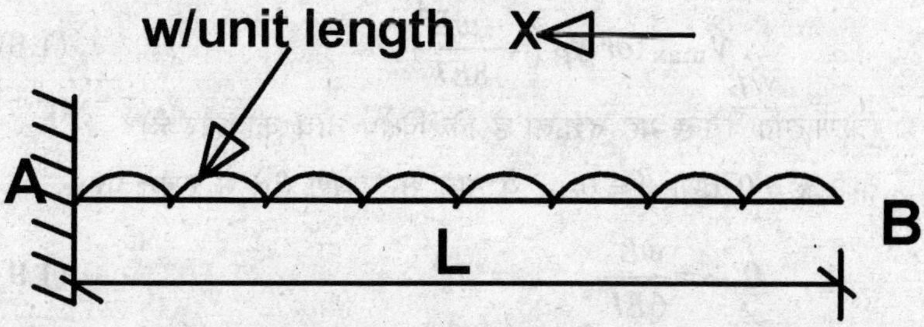

चित्र 1.5

अतः x = L पर $\frac{dy}{dx}=0$

$$\therefore 0=\frac{-wL^3}{6}+C_1 \quad \text{या} \quad C_1=\frac{wL^3}{6}$$

समीकरण (i) निम्न तरह हो जायेगी।

$$EI\frac{dy}{dx}=\frac{-wx^3}{6}+\frac{wL^3}{6} \qquad \text{(ii)}$$

समीकरण (ii) झुकाव समीकरण जिससे धरन के किसी भी बिन्दु पर झुकाव ज्ञात किया जा सकता है। समीकरण (ii) का समाकलन करने पर

$$EI\,y=\frac{-wx^4}{24}+\frac{wL^3}{6}x+C_2 \qquad \text{(iii)}$$

आबद्ध A पर विक्षेप भी शून्य होता है।

अतः x = L तथा y = 0

$$\therefore 0=-\frac{wL^4}{24}+\frac{wL^4}{6}+C_2 \quad \text{या} \quad C_2=\frac{-wL^4}{8}$$

अब समीकरण (iii) निम्न तरह हो जायेगी

$$\therefore EI\,y=\frac{-wx^4}{24}+\frac{wL^3}{6}x-\frac{wL^4}{8} \qquad \text{(iv)}$$

समीकरण (iv) विक्षेप समीकरण है। अधिकतम विक्षेप मुक्त सिरे पर होगा।

$y=y_{max}\ \&\ x=0$ ये मान समीकरण (iv) में रखने पर –

$$\therefore y_{max} (or\, y_B) = \frac{-wL^4}{8EI} \quad (1.8)$$

(ऋणात्मक चिन्ह यह दर्शाता है कि विक्षेप नीचे की ओर है)

तथा $x = 0$ तथा $\theta = \theta_{max}$ ये मान समीकरण (ii) में रखने पर

$$\theta_{max} = \frac{wL^3}{6EI} \quad (1.9)$$

1.6. शद्धालम्ब धरन (Simply supported beam)

1.6.1. शुद्धालम्ब धरन के मध्य में अधिकेन्द्रित भार W

चित्र 1.5 में दर्शाये अनुसार शुद्धालम्ब धरन का पाट L है। और पाट के मध्य बिन्दु C पर अधिकेन्द्रित भार W कार्य कर रहा है।

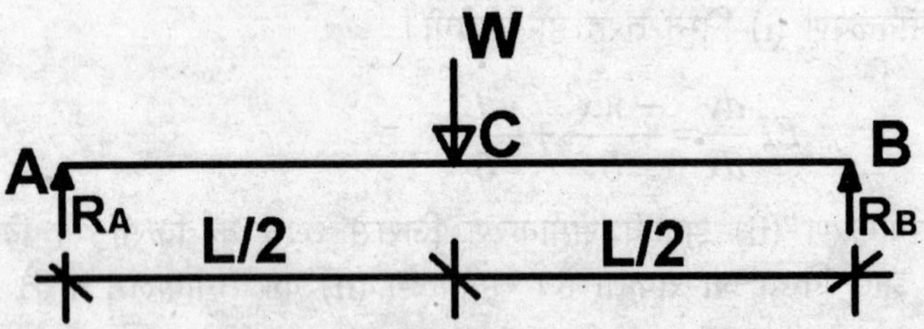

चित्र 1.5

प्रतिक्रिया, $R_A = R_B = \frac{W}{2}$

अब काट X-X पर बंकन आघूर्ण होगा

$$Mx = \frac{W}{2} x$$

अतः $EI \frac{d^2y}{dx^2} = \frac{W}{2} x$ (i)

समाकलन करने पर –

$$EI \frac{dy}{dx} = C_1 + \frac{W}{2} \frac{x^2}{2} \quad (ii)$$

सममिती (Symetry) के कारण पाट के मध्य में ढाल शून्य होगा –

$$x=\frac{L}{2};\frac{dy}{dx}=0 \quad 0=+\frac{W}{4}\left(\frac{L}{2}\right)^2+C_1 \text{ या } \quad C_1=-\frac{WL^2}{16}$$

अब समीकरण (ii) निम्न हो जायेगी –

$$EI\frac{dy}{dx}=-\frac{WL^2}{16}+\frac{W}{2}\frac{x^2}{2} \qquad \text{(iii)}$$

समीकरण (iii) झुकाव समीकरण है। समीकरण (iii) का समाकलन करने पर –

$$EIy=C_2-\frac{WL^2}{16}x+\frac{Wx^3}{12} \qquad \text{(iv)}$$

चूंकि सिरे A विक्षेप शून्य होता है। अतः **x = 0** पर **y = 0** ये मान समी. (iv) में रखने पर

$$0 = 0 - 0 + C_2 \quad \text{या} \quad C_2 = 0$$

अतः समीकरण (iv) निम्न तरह से हो जाती है –

$$EIy=\frac{Wx^3}{12}-\frac{WL^2}{16}.x \qquad \text{(v)}$$

समीकरण (v) विक्षेप समीकरण है। हम मानते है कि विक्षेप मध्य में अधिकतम होता है। अतः $x=L/2$ व $y = y_{max}$ समीकरण (v) में रखने पर,

$$EIy_{max}=\frac{W\left(\frac{L}{2}\right)^3}{12}-\frac{WL^2}{16}.\frac{L}{2} \text{ या } y_{max}=-\frac{WL^3}{48EI} \qquad (1.10)$$

(ऋणात्मक चिन्ह नीचे की ओर (downward) विक्षेप दर्शाया है। हम यह भी जानते है कि सिरों पर झुकाव अधिकतम होता है।)

$$\therefore \theta_{max}=-\frac{WL^2}{16EI} \qquad (1.11)$$

1.6.2. शुद्धालम्ब धरन पर समबांटित भार कार्य कर रहा हो

चित्र 1.6 में दर्शायी गयी धरन के L पाट पर w प्रति एकांक लम्बाई का समबांटित भार कार्यरत है।

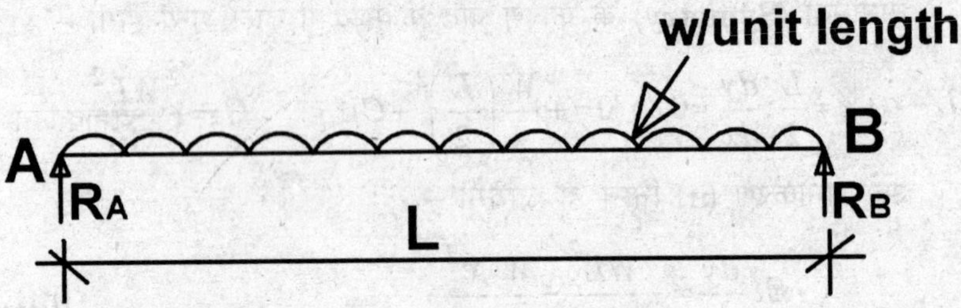

चित्र 1.6

प्रतिक्रियाएं $R_A = R_B = \frac{wL}{2}$ अतः $M_x = \frac{wL}{2}x - \frac{wx^2}{2}$

$$\therefore EI\frac{d^2y}{dx^2} = \frac{wL}{2}x - \frac{wx^2}{2} \qquad \text{(i)}$$

समीकरण (i) का समाकलन करने पर

$$EI\frac{d^2y}{dx^2} = C_1 + \frac{wL}{2}\frac{x^2}{2} - \frac{wx^3}{6} \qquad \text{(ii)}$$

सममिती (Symmetry) के कारण पाट के मध्य में ढाल शून्य होगा।

अतः $x = \frac{L}{2}$ पर $\frac{dy}{dx} = 0$; ये मान समीकरण (i) में रखने पर

$$0 = \frac{wL}{4}\left(\frac{L}{2}\right)^2 - \frac{w\left(\frac{L}{2}\right)^3}{6} + C_1$$

$$\therefore C_1 = -\frac{wL^3}{24}$$ (C1 समाकलन नियतांक है)

अतः समीकरण (ii) में C_1 का मान रखने पर

$$EI\frac{dy}{dx} = -\frac{wL^3}{24} + \frac{wL}{4}x^2 - \frac{wx^3}{6} \qquad \text{(iii)}$$

समीकरण (iii) झुकाव (ढाल) समीकरण है। समीकरण (iii) का समाकलन करने पर –

$$EIy = C_2 - \frac{wL^3}{24}x + \frac{wL}{4}\frac{x^3}{3} - \frac{wx^4}{24} \qquad \text{(iv)}$$

जहां C_2 दूसरा समाकलन नियंताक है।

सिरों पर विक्षेप शून्य होता है अतः x = 0 पर y = 0; ∴ C2 = 0

C_2 का मान समीकरण (iv) में रखने पर

$$EIy = \frac{wL}{12}x^3 - \frac{wx^4}{24} - \frac{wL^3x}{24} \qquad \text{(v)}$$

समीकरण (v) विक्षेप समीकरण है। चूंकि अधिकतम विक्षेप पाट के मध्य में होता है। अतः समीकरण (v) में $x = L/2$, $y = y_{max}$ रखने पर

$$EIy\max = \frac{wL}{12}\left(\frac{L}{2}\right)^3 - \frac{w\left(\frac{L}{2}\right)^4}{24} - \frac{wL^3\frac{L}{2}}{24}$$

$$\text{या } y\max = \frac{-5}{384}\frac{wL^4}{EI} \qquad (1.12)$$

(ऋणात्मक चिन्ह नीचे की ओर (downward) विक्षेप दर्शाता है।)

हम यह भी जानते है कि सिरों पर ढाल अधिकतम होता है। अतः समीकरण (iii) में x = 0 पर $\theta = \theta_{max}$ रखने पर

$$\therefore \theta A = \theta\max = \frac{wL^3}{24EI} \qquad (1.13)$$

Q. 1.1. चित्र 1.7 में दर्शायी गई बाहुधरन के मुक्त सिरे पर विक्षेप ज्ञात कीजिए। $E = 2 \times 10^5 N/mm^2$ तथा $I = 2 \times 10^8\ mm^4$ मानियें।

(Find the deflection as free end of the cantilever shown in Fig. 1.7. Take $E = 2 \times 10^5 N/mm^2$ and $I = 2 \times 10^8 mm^4$)

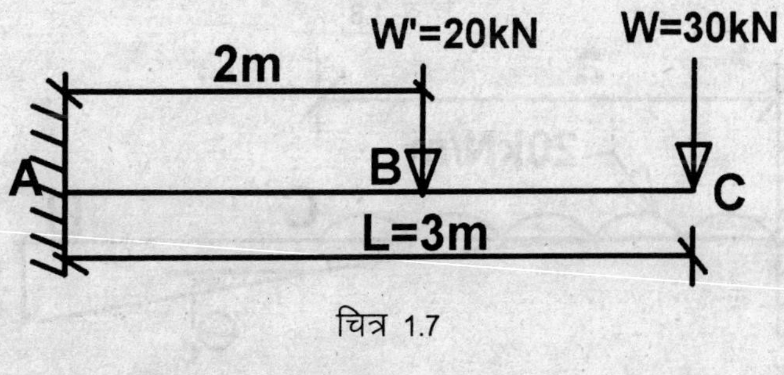

चित्र 1.7

हल – मुक्त सिरे C पर विक्षेप

= 30KN के कारण पर C पर विक्षेप + 20KN के कारण C पर विक्षेप

$$y_c = \frac{WL^3}{3EI} + \left[\frac{W'a^3}{3EI} + \frac{W'a^2}{2EI}(L-a)\right]$$

$$= \frac{30 \times 3000^3 \times 1000}{3 \times 2 \times 10^5 \times 2 \times 10^8} +$$

$$\left[\frac{20 \times 10^3 \times 2000^3}{3 \times 2 \times 10^5 \times 2 \times 10^8} + \frac{20 \times 10^3 \times 2000^2 \times 1000}{2 \times 2 \times 10^5 \times 2 \times 10^8}\right]$$

$= 9.083mm$ (Ans.)

Q. 1.2. चित्र 1.8 में दर्शायी गई बाहुधरन जिस पर बायी तरफ 3m दूरी तक समबांटित भार कार्यरत है, के मुक्त सिरे पर विक्षेप ज्ञात कीजिए। E = 2 x 10⁵N/mm² तथा I = 2 x 10⁸mm⁴ मानिये।

(Find deflection of free end of cantilever beam shown in Fig. 1.8. Take $E = 2 \times 10^5 N/mm^2$ and $I = 2 \times 10^8 mm^4$.)

हल – मुक्त सिरे पर विक्षेप, $y_B = y_C + \theta_C(L-a)$

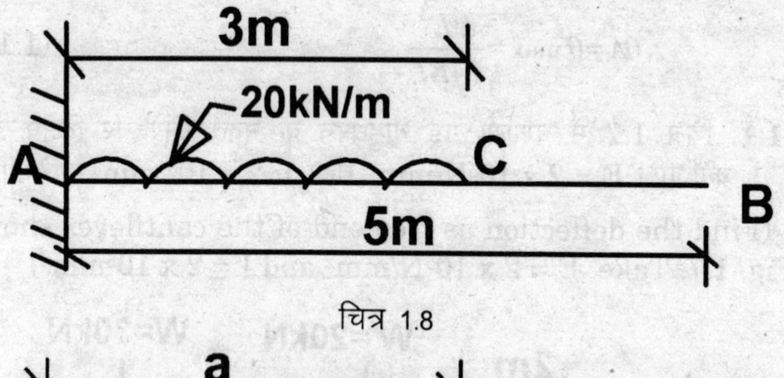

चित्र 1.8

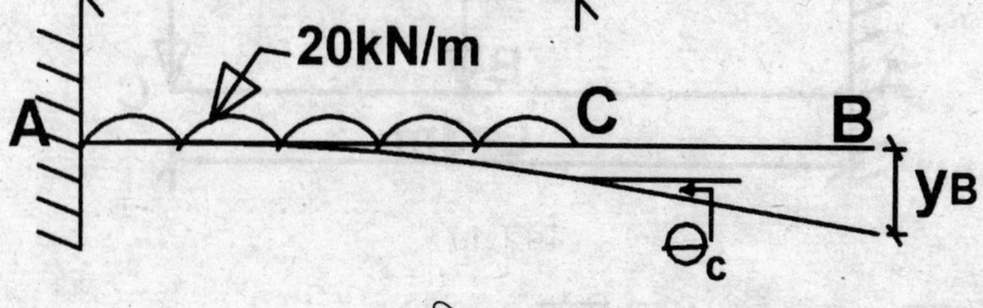

चित्र 1.9

∴ चित्र 1.8 व 1.9 से

$$y_B = \frac{20 \times 3000^4}{8 \times 2 \times 10^5 \times 2 \times 10^8} + \frac{20 \times 3000^3 (5000 - 3000)}{6 \times 2 \times 10^5 \times 2 \times 10^8}$$

$$= 9.5625 mm$$ Ans.

Q. 1.3. एक L लम्बाई की बाहुधरन पर मुक्त सिरे से a दूरी तक w/ इकाई लम्बाई का समबांटित भार कार्यरत है। मुक्त सिरे पर विक्षेप ज्ञात कीजिए।

(A cantilever of span L carries a uniformly distributed load w/unit length over a distance of 'a' from free end. Find the expression for deflection at free end).

हल – इस तरह की धरन चित्र 1.10 (i) में दर्शायी गयी है। मुक्त सिरे पर विक्षेप ज्ञात करने के लिए इस धरन पर समान समबांटित भार w/ इकाई लम्बाई पूरी लम्बाई पर लेते हे। चित्र (1.10 (ii)) में दर्शायी गयी है तथा (L - a) लम्बाई के लिए w/इकाई लम्बाई का समबांटित भार विपरीत तरह से लगाते है जो चित्र (1.10(iii)) में दर्शाया गया है।

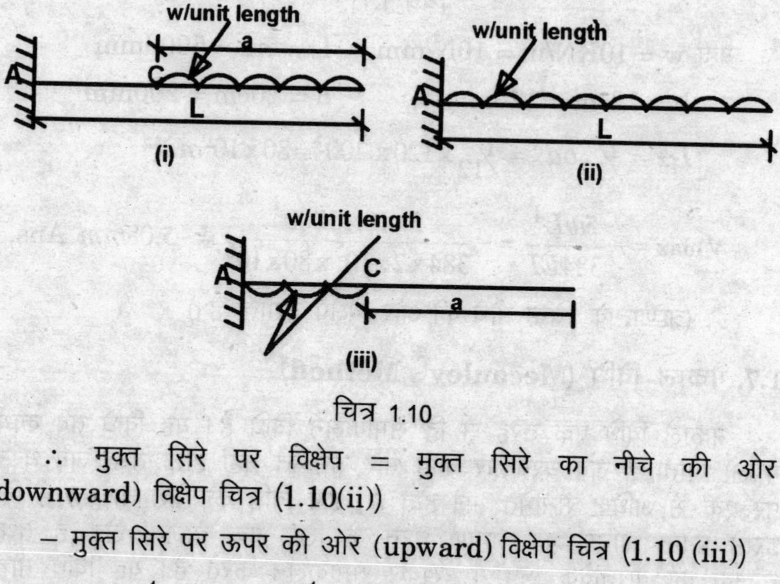

चित्र 1.10

∴ मुक्त सिरे पर विक्षेप = मुक्त सिरे का नीचे की ओर (downward) विक्षेप चित्र (1.10(ii))

– मुक्त सिरे पर ऊपर की ओर (upward) विक्षेप चित्र (1.10 (iii))

$$y_B = \frac{wL^4}{8EI} - \left[\frac{w(L-a)^4}{8EI} + \frac{w(L-a)^3}{6EI}(a)\right]$$ Ans.

Q. 1.4. 12 cm चौड़े व 20 cm गहरे एक इस्पात के शुद्धालम्ब के धरन को 5m पाट पर काम में लिया गया है। अगर पूरे पाट पर 10 kN/m का समबांटित भार कार्य कर रहा हो तो धरन के मध्य में विस्थापन ज्ञात करो। $E = 2 \times 10^5$ N/mm² मानियें।

(A simply supported beam of 5 m span has 12 cm wide and 20 cm deep. If beam carries a uniformly distriubted load of 10 kN/m over entire span, their find out deflection at the centre of beam.) (Take $E = 2 \times 10^5 N/mm^2$).

हल – चित्र 1.11 (i) में धरन तथा 1.11 (ii) धरन का अनुप्रस्थ काट दर्शाया है।

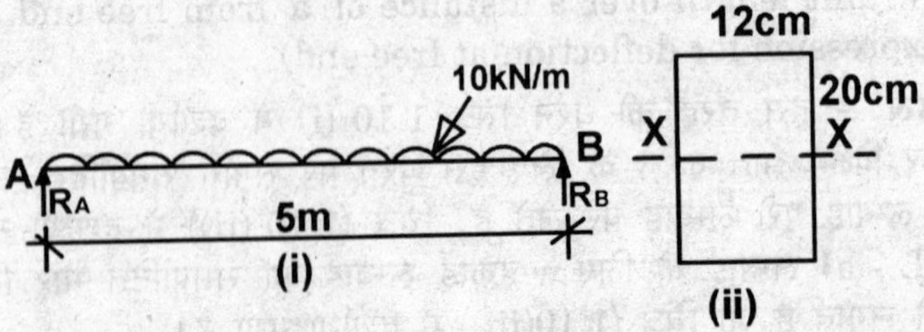

चित्र 1.11

यहां w = 10KN/m = 10N/mm; L = 5m = 5000mm

b = 12cm = 120mm; d = 20cm = 200mm

$$I_{xx} = \frac{1}{12}bd^3 = \frac{1}{12} \times 120 \times 200^3 = 80 \times 10^6 mm^4$$

$$y_{max} = -\frac{5wL^4}{384EI} = -\frac{5 \times 10 \times 5000^4}{384 \times 2 \times 10^5 \times 80 \times 10^6} = -5.08mm \text{ Ans.}$$

(ऋणात्मक चिन्ह नीचे की ओर विक्षेप दर्शाता है।)

1.7. मैकाले विधि (Mecauley's Method)

मैकाले विधि एक तरह से द्वि समाकलन विधि है। यह विधि तब कार्य में ली जाती है जब धरन पर कोई भार सममित नहीं होता तथा जब धरन पर एक से अधिक सममित भार होते है। इस विधि की विशेषता यह है कि इसमें बंकन आघूर्ण का सम्पूर्ण धरन के लिए एक व्यंजक लेते है तथा व्यंजक को वास्तविक रूप में रखकर समाकलन करते है। यह विधि नीचे बताई गई है।

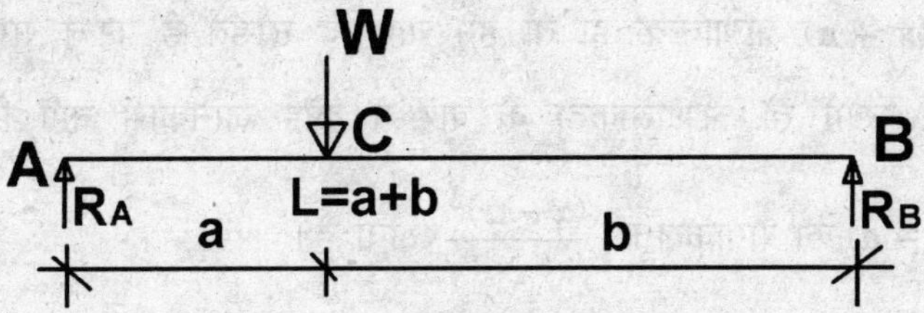

चित्र 1.12

माना R_A, A पर प्रतिक्रिया है तो बंकन आघूर्ण के लिए व्यंजक (expression) होगा –

$Mx = R_A x$ AC भाग के लिए –

$Mx = R_A x - W(x\text{-}a)$ BC भाग के लिए –

सामान्य रूप में बंकन आघूर्ण समीकरण –

$$Mx = R_A x - W(x - a) \quad \text{(i)}$$

तथा यह बात ध्यान रखने योग्य है कि धरन के किसी बिन्दु पर कोष्ठक (bracket) वाला पद ऋणात्मक है तो उस बिन्दु के लिए यह पद मान्य नहीं होगा। उदाहरण के लिए, AC भाग में किसी बिन्दु के लिए x –a ऋणात्मक होगा। अतः इस बिन्दु पर बंकन आघूर्ण के लिए W(x-a) वाला पद मान्य नहीं होगा।

हम जानते है कि – $Mx = EI\dfrac{d^2y}{dx^2}$

$$\therefore EI\frac{d^2y}{dx^2} = R_A x - W(x-a) \quad \text{(ii)}$$

$$\therefore EI\frac{dy}{dx} = C_1 + R_A\frac{x^2}{2} - \frac{W(x-a)^2}{2} \quad \text{(iii)}$$

[निम्न बातें ध्यान में रखने योग्य है –

(अ) समाकलन स्थिरांक सर्वप्रथम लिखते है। चूंकि यह सभी बिन्दुओं के लिए मान्य है।

(ब) $(x - a)$ का समाकलन $\dfrac{x^2}{2} - ax$ की जगह $\dfrac{(x-a)^2}{2}$ रखते है।

यद्यपि दोनो समाकलन सही है परन्तु $\dfrac{(x-a)^2}{2}$ रखने की एक वजह यह भी

है कि (x – a) ऋणात्मक हो तो हम यह पद छोड़ते है परन्तु समाकलन $\frac{x^2}{2} - ax$ रखेंगे तो ऋणात्मकता के बारे में कोई जानकारी नहीं मिलेगी।

अतः (x – a) का समाकलन $\frac{(x-a)^2}{2}$ रखना है।

समीकरण (iii) का समाकलन करने पर,

$$EIy = C_2 + C_1x + \frac{R_A x^2}{2} - \frac{W(x-a)^3}{6} \quad \text{(iv)}$$

अब सीमान्त स्थितियों (**Boundary conditions**) से – हम जानते है कि सिरे **A** पर विक्षेप शुन्य होता है।

अतः **x = 0** पर **y = 0**

$$0 = C_2 + 0 + 0 \qquad \therefore \; C_2 = 0$$

$\frac{W(x-a)^3}{6}$ की पद मान्य नहीं है। चूंकि (**x – a**) ऋणात्मक आता है जब **x = 0**

अब समी. (iv) निम्न तरह हो जायेगी –

$$EIy = C_1x + \frac{R_A x^3}{6} - \frac{W(x-a)^3}{6} \quad \text{(v)}$$

अब चूंकि सिरे **B** पर भी विक्षेप शून्य होता है।

∴ **x** = L पर **y = 0** ये मान समी. (v) में रखने पर,

$$0 = C_1L + \frac{R_A L^3}{6} - \frac{W(L-a)^3}{6} \qquad \left[\because R_A = \frac{Wb}{L}\right]$$

$$\therefore 0 = C_1L + \frac{WbL^3}{6L} - \frac{W(L-a)^3}{6L}$$

अतः $C_1 = -\frac{Wab}{6L}(L+a)$ समीकरण (v) निम्न तरह हो जायेगी

$$EIy = -\frac{Wab}{6L}(L+b)x + \frac{Wb}{6L}x^3 - \frac{W(x-a)^3}{6} \quad (1.14)$$

समीकरण (1.14) से किसी भी बिन्दु पर विक्षेप ज्ञात कर सकते है। तथा रामीकरण (iii) निम्न तरह हो जायेगी –

$$EI\frac{dy}{dx} = -\frac{Wab}{6L}(L+b) + \frac{Wb}{2L}x^2 - \frac{W(x-a)^2}{2} \qquad (1.15)$$

समीकरण 1.15 से धरन के किसी भी बिन्दु पर झुकाव (Slope) ज्ञात कर सकते है।

Q. 1.5. एक 5 m पाट की शुद्धालम्ब धरन पर बाये सिरे से 3m दूरी पर एक 20 kN का अधिकेन्द्रीत भार आरोपित है। ज्ञात कीजिए – (i) अधिकतम विक्षेप का मान तथा स्थिति (ii) धरन के मध्य में झुकाव (iii) भारित बिन्दु पर विक्षेप। (मानियें $E = 2 \times 10^5 N/mm^2$ and $I = 15 \times 10^6 mm^4$).

(A simply supported beam of 5m span subjected to a cocnetrated load of 20KN at 3m from left support. Calculate (i) The position and the value of maximum deflection. (ii) Slope at centre of beam. (iii) Deflection of the load point.

(Take $E = 2 \times 10^5 N/mm2$ and $I = 15 \times 10^6 mm^4$.)

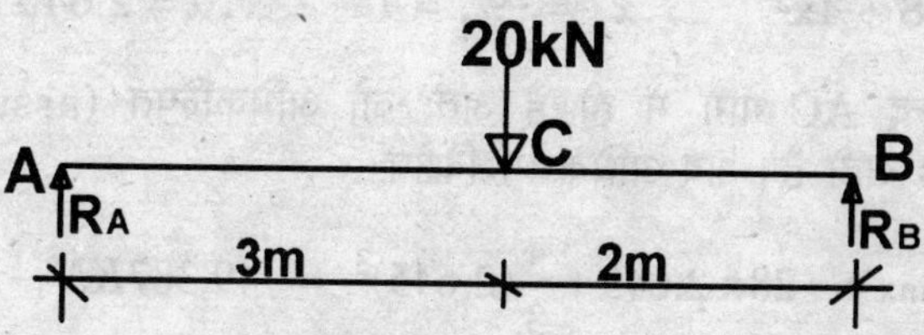

चित्र 1.13.

हल – सर्वप्रथम A पर प्रतिक्रिया ज्ञात करेंगे।

$$R_A = \frac{20 \times 2}{5} = 8KN$$

$$Mx = 8x - 20(x-3) \text{ या } EI\frac{d^2y}{dx^2} = 8x - 20(x-3)$$

$$\therefore EI\frac{dy}{dx} = C_1 + 4x^2 - 10(x-3)^2$$

तथा $EIy = C_2 + C_1x + \frac{4}{3}x^3 - \frac{10}{3}(x-3)^3$

अब सीमान्त परिस्थितियों से

A पर x = 0, y = 0 (x – 3 पद ऋणात्मक है अतः मान्य नहीं है।)

$0 = C_2 + 0 + 0 \qquad \therefore C_2 = 0$

तथा B पर x = 5m, y = 0

$$0 = 0 + C_1 \times 5 + \frac{4}{3} \times 5^3 - \frac{10}{3}(2)^3 \qquad C_1 = -28$$

$$\therefore EI\frac{dy}{dx} = -28 + 4x^2 - 10(x-3)^2 \qquad \text{(i)}$$

तथा $EIy = -28x + \frac{4}{3}x^3 - \frac{10}{3}(x-3)^3$ (ii)

(i) अधिकतम विक्षेप के लिए

माना AC भाग में अधिकतम विक्षेप है तो $dy/dx = 0$, अतः समीकरण (i) से

$0 = -28 + 4x^2 \qquad x^2 = 28/4 = 7 \qquad \therefore x = 2.645$ m

यह बिन्दु AC भाग में ही है अतः जो अभिकल्पित (assumption) किया था वह सही है। अब अधिकतम विक्षेप,

$$EIy_{max} = -28 \times 2.645 + \frac{4}{3}(2.645)^3 = -49.387 KN - m^3$$

$$= -49.387 \times 10^{12} N - mm^3$$

अतः $y_{max} = \frac{-49.387 \times 10^{12}}{EI} = \frac{-49.387 \times 10^{12}}{2 \times 10^5 \times 10^6}$

$= -16.462 mm$ Ans.

अतः अधिकतम विक्षेप बाये सिरे से 2.645 m पर होगा जिसका मान 16.462 mm नीचे की ओर होगा।

(ii) धरन के मध्य में झुकाव

$EI\left(\frac{dy}{dx}\right) = -28 + 4x^2$ मध्य में, x = 2.5m

$$EI\left(\frac{dy}{dx}\right)(e/;) = -28 + 4 \times (2.52)^2 = -3.0kNm^2$$

$$= -3\times10^9 Nmm^2$$

$$\left(\frac{dy}{dx}\right)(e/;) = \frac{-3\times10^9}{EI} = -\frac{3\times10^9}{2\times10^5\times15\times10^6} = 0.001 \text{ rad}$$

$$= 0.05729^\circ$$ Ans.

(iii) भारित बिन्दु पर विक्षेप

$$EIy_c = -28\times3 + \frac{4}{3}\times3^3 = -48KN - m^3 = -48\times10^{12}N - mm^3$$

$$y_c = \frac{-48\times10^{12}}{2\times10^5\times15\times10^6} = -16mm$$

$y_c = 16mm$ (नीचे की ओर) Ans.

Q 1.6 चित्र 1.14 में दर्शायी गयी धरन के बिन्दु C पर विक्षेप ज्ञात कीजिए। E = 200KN/mm² तथा I = 200 x 10⁶mm⁴ मानिये।

(Determine deflection at point C in the beam shown in Fig. 1.14. Take E = 200 KN/mm² and I = 200 x 10⁶ mm⁴.)

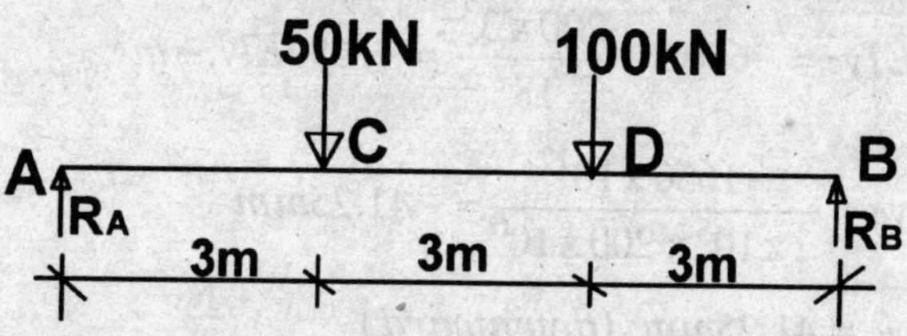

चित्र 1.14

हल – माना R_A व R_B सिरों A व B पर प्रतिक्रियाएं है –

$$\therefore R_A = \frac{50\times6 + 100\times3}{9} = \frac{200}{3}KN$$

तथा $R_B = 250/3\ KN$

अतः बंकन आघूर्ण की सामान्य (General) समीकरण होगी –

$Mx = R_A.x - 50\ (x-3) - 100\ (x-6)$

अतः $EI\,\dfrac{d^2y}{dx^2} = \dfrac{200}{3}x - 50(x-3) - 100(x-6)$

$$\therefore EI\,\frac{dy}{dx} = C_1 + \frac{200x^2}{6} - \frac{50}{2}(x-3)^2 - \frac{100}{2}(x-6)^2 \qquad \text{(i)}$$

और $EIy = C_2 + C_1x + \dfrac{200x^3}{18} - \dfrac{25}{3}(x-3)^3 - \dfrac{50}{3}(x-6)^3$ (ii)

सीमान्त अवस्थाओं (Boundary conditions) से –

A पर $x = 0$ पर $y = 0$ $\qquad 0 = C_2 + 0 + 0 \Rightarrow C_2 = 0$

B पर $x = 9$; $\qquad y = 0$

$\therefore 0 = 0 + C_1 \times 9 + \dfrac{200 \times 9^3}{18} - \dfrac{25}{3} \times 6^3 - \dfrac{50}{3} \times 3^3$ या $C_1 = -650$

$\therefore$ समीकरण (ii) निम्न तरह हो जायेगी –

$$EIy = -650.x + \frac{200 \times x^3}{18} - \frac{25}{3}(x-3)^3 - \frac{50}{3}(x-6)^3 \qquad \text{(iii)}$$

$\therefore$ C बिन्दु पर विक्षेप के लिए समीकरण (iii) में $y = y_c$ तथा $x = 3$ m रखने पर

$$EIy_c = -650.3 + \frac{200 \times 3^3}{18} = -1650KN - m^3$$

$$y_c = \frac{-1650 \times 10^{12}}{2 \times 10^5 \times 200 \times 10^6} = -41.25mm$$

$y_c = 41.25mm\ (downward)$ Ans.

Q 1.7. चित्र 1.15 में दर्शायी गयी धरन में अधिकतम ढ़ाल (झुकाव) तथा अधिकतम विक्षेप ज्ञात कीजिए। ($EI = 15 \times 10^{12}$ N-mm^2 मानिये)

(Find the maximum deflection and maximum slope for the beam loaded as shown in Fig. 1.15. Take $EI = 15 \times 10^{12}$ N-mm^2)

हल – A तथा B सिरों पर प्रतिक्रियाएं R_A व R_B हैं।

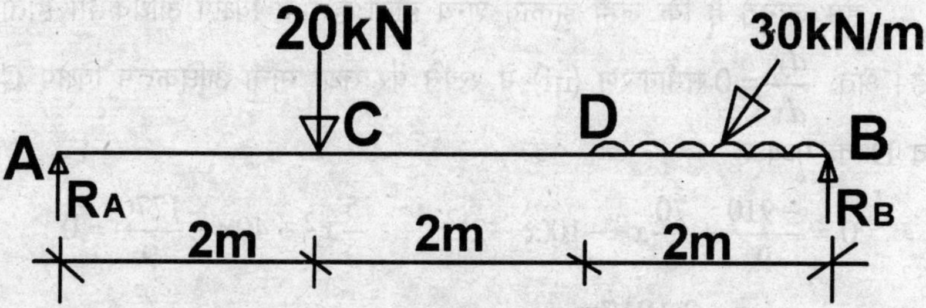

चित्र 1.15.

$$\therefore R_A = \frac{20 \times 4 + 30 \times 2 \times 1}{6} = \frac{70}{3} KN \text{ तथा } R_B = \frac{170}{3} KN$$

अब $M = \frac{70}{3}x - 20(x-2) - \frac{30}{2}(x-4)^2$

अतः $EI\frac{d^2y}{dx^2} = \frac{70}{3}x - 20(x-2) - 15(x-4)^2$

$$\therefore EI\frac{dy}{dx} = C_1 + \frac{70x^2}{6} - \frac{20}{2}(x-2)^2 - \frac{15}{3}(x-4)^3 \quad \text{(i)}$$

तथा $EIy = C_2 + C_1x + \frac{70x^3}{18} - \frac{10}{3}(x-2)^3 - \frac{15}{12}(x-4)^4$ (ii)

अब सीमान्त अवस्थाओं से –

सिरे A पर विक्षेप शून्य है अतः x = 0, y = 0

$\therefore 0 = C_2 + 0 + 0 \Rightarrow C_2 = 0$ सिरे B पर, x = 6, y = 0

$$\therefore 0 = 0 + C_1 \times 6 + \frac{70 \times 6^3}{18} - \frac{10}{3}(4)^3 - \frac{15}{12} \times 2^4 \Rightarrow C_1 = \frac{-910}{9}$$

समीकरण (i) निम्न हो जायेगी –

$$EI\frac{dy}{dx} = \frac{-910}{9} + \frac{70x^2}{6} - \frac{20(x-2)^2}{2} - \frac{15}{3}(x-4)^3 \quad \text{(iii)}$$

तथा समीकरण (ii) निम्न हो जाएगी –

$$EIy = \frac{-910x}{9} + \frac{70x^3}{18} - \frac{10}{3}(x-2)^3 - \frac{15}{12}(x-4)^4 \quad \text{(iv)}$$

हम जानते है कि जहां झुकाव शून्य होता है वहां विक्षेप अधिकतम होता है। अतः $\frac{dy}{dx} = 0$ समीकरण (iii) में रखने पर तथा माना अधिकतम विक्षेप C व D के मध्य है –

$$0 = \frac{-910}{9} + \frac{70}{6}x^2 - 10(x-2)^2 \qquad \frac{5}{3}x^2 + 40x - \frac{1270}{9} = 0$$

$$\therefore x = 3.1217\text{m}$$

अतः अधिकतम विक्षेप CD भाग में ही होगा।

$$\therefore EIy\max = \frac{-910}{9} \text{x} 3.1217 + \frac{70 \text{x} 3.1217^3}{18} - \frac{10}{3}(1.1217)^3$$

$$EIy\max = -202.039KN - m^3 = -202.039 \text{x} 10^{12} N - mm^3$$

$$\therefore y\max = \frac{-202.039 \text{x} 10^{12}}{15 \text{x} 10^{12}} = -13.469mm \qquad \text{Ans.}$$

अधिकतम झुकाव सिरों पर होता है।

अतः A पर, $EI\left(\frac{dy}{dx}\right)_A = \frac{-910}{9} = -101.11$

B पर, $EI\left(\frac{dy}{dx}\right)_B = 118.889$

$\therefore$ अधिकतम झुकाव, $EI\left(\frac{dy}{dx}\right)_B = 118.889KN - m^2$

$$= 118.889 \text{x} 10^9 N - mm^2$$

$$\left[\frac{dy}{dx}\right]_B = -\frac{118.889 \times 10^9}{15 \times 10^{12}} = -7.925 \times 10^{-3} rad. \qquad \text{Ans.}$$

Q 1.8. चित्र 1.16(a) में दर्शायी गयी धरन 6m लम्बी है जिसका जड़त्व आघूर्ण 450 x 10^6 mm^4 है। ज्ञात कीजिए – (i) A पर झुकाव, (ii) धरन के मध्य में विक्षेप, तथा, (iii) अधिकतम विक्षेप E = 200 kN/mm^2 मानिये।

(A beam 6m long and has moment of Inertia of 450 x 10^6mm^4 is shown in Fig. 1.16. Calculate. (i) Slope at A, (ii) Deflection of midspan, and (iii) Maximum deflection Take E = 200KN/mm^2)

हल –

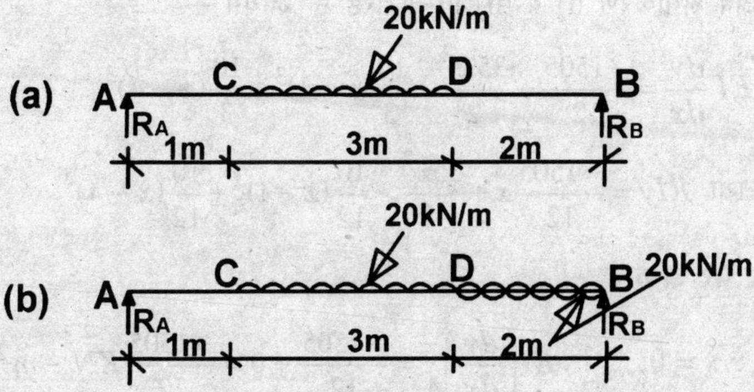

चित्र 1.16

$$R_A = \frac{20 \times 3 \times 3.5}{6} = 35KN \quad \text{तथा} \quad R_B = 25KN$$

मैकाले विधि से, व्यंजक की सामान्यता बनाए रखने के लिए नीचे की ओर (downward) समबांटित भार को दाहिने सिरे तक बढ़ाते है तथा समान समबांटित भार ऊपर की ओर DB भाग पर लगाते है।

$$\text{अतः} \quad M = 35x - \frac{20}{2}(x-1)^2 + \frac{20}{2}(x-4)^2$$

$$\text{अब} \quad EI\frac{d^2y}{dx^2} = 35x - 10(x-1)^2 + 10(x-4)^2$$

$$\therefore EI\frac{dy}{dx} = C_1 + 35\frac{x^2}{2} - \frac{10}{3}(x-1)^3 + \frac{10}{3}(x-4)^3 \qquad \text{(i)}$$

$$\text{तथा} \quad EIy = C_2 + C_1x + \frac{35x^3}{6} - \frac{10}{12}(x-1)^4 + \frac{10}{12}(x-4)^3 \qquad \text{(ii)}$$

सीमान्त अवस्थाओं से – सिरे A पर विक्षेप शून्य होता है अतः A पर, x = 0, y = 0 ; $0 = C_2 + 0 + 0 \Rightarrow C_2 = 0$

सिरे B पर, x = 6, y = 0

$$0 = 0 + C_1 \times 6 + \frac{35 \times 6^3}{6} - \frac{10}{12}(6-1)^4 + \frac{10}{12}(6-4)^4$$

$$\Rightarrow C_1 = \frac{-1505}{12}$$

अब समीकरण (i) व (ii) निम्न तरह हो जायेंगे –

$$EI\frac{dy}{dx} = \frac{-1505}{12} + \frac{35x^2}{2} - \frac{10}{3}(x-1)^3 + \frac{10}{3}(x-4)^3 \qquad \text{(iii)}$$

तथा $EIy = \frac{-1505}{12}x + \frac{35x^3}{6} - \frac{10}{12}(x-1)^4 + \frac{10}{12}(x-4)^4$ (iv)

(i) A पर झुकाव –

$$\therefore x = 0; \quad \therefore EI\left(\frac{dy}{dx}\right)_A = \frac{-1505}{12} + 0 = \frac{-1505}{12} KN - m^2$$

$$\theta A = \left(\frac{dy}{dx}\right)_A = \frac{-1505 \times 10^9}{12 \times 2 \times 10^5 \times 450 \times 10^6} = -1.3935 \times 10^{-3} rad.$$

$$\therefore \theta_A = \left(\frac{dy}{dx}\right)_A = -0.0778^o$$ Ans.

(ii) मध्य में विक्षेप –

अतः समीकरण (iv) में $x = 3$ रखने पर

$$EIy_{centre} = \frac{-1505}{12} \times 3 + \frac{35 \times 3^3}{6} - \frac{10}{12}2^4$$

$$EIy_{centre} = \frac{-2725 \times 10^{12}}{12 \times 2 \times 10^5 \times 450 \times 10^6} = -2.578mm$$

$= 2.578mm$ (नीचे की ओर) (downward) Ans.

(iii) अधिकतम विक्षेप –

अधिकतम विक्षेप के लिए $\frac{dy}{dx} = 0$, तथा माना यह विक्षेप CD भाग में है।

$$\text{अतः } 0 = \frac{-1505}{12} + \frac{35x^2}{2} - \frac{10(x-1)^3}{3}$$

$\therefore x = 2.92$ m Ans.

अतः अधिकतम विक्षेप CD भाग में ही होगा। (नीचे की ओर)

$$\therefore EIy_{max} = \frac{-1505}{12} x2.92 + \frac{35x2.92^3}{6} - \frac{10(2.92-1)^4}{12}$$

$$= -232.30827 KN - m^3$$

$$\therefore y_{max} = \frac{-232.308x10^{12}}{2x10^5x450x10^6} = -2.582mm$$

$y_{max} = 2.582mm$ (नीचे की ओर) Ans.

Q 1.9. चित्र 1.17 में दर्शायी गयी बाहुधरन के लिए अधिकतम विक्षेप तथा अधिकतम झुकाव ज्ञात कीजिए। ($E = 2 \times 10^5 N/mm^2$ तथा $I = 300 \times 10^6 mm^4$ मानिये)

(Find the maximum deflection and maximum slope for the cantilever beam loaded as shown in Fig-1.17. Take $E = 200\ kN/mm^2$ and $I = 300 \times 10^6\ mm^4$).

हल –आघूर्ण का सामान्य व्यंजक प्राप्त करने के लिए समबांटित भार को आबद्ध सिरे तक बढ़ाते है तथा समान समबांटित भार AC तक ऊपर की ओर लगाते है। (चित्र 1.17(b))

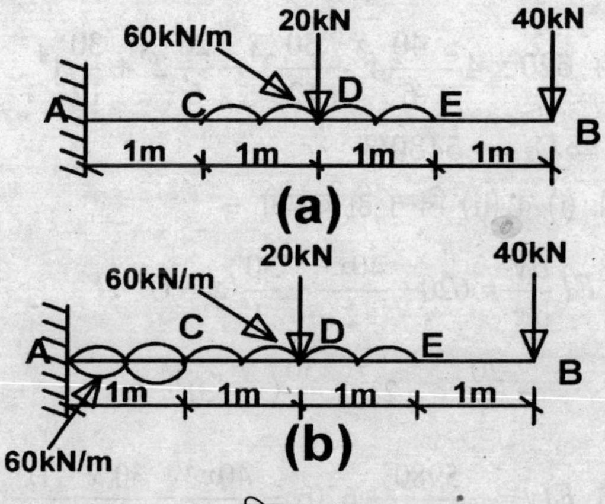

चित्र 1.17

मुक्त सिरे से x दूरी लेने पर –

$$M_x = -40x - \frac{60(x-1)^2}{2} - 20(x-2) + \frac{60(x-3)^2}{2}$$

$$\therefore EI\frac{d^2y}{dx^2} = -40x - 30(x-1)^2 - 20(x-2) + 30(x-3)^2$$

अतः

$$EI\frac{dy}{dx} = C_1 - \frac{40x^2}{2} - \frac{30}{3}(x-1)^3 - \frac{20}{2}(x-2)^2 + \frac{30}{3}(x-3)^3 \quad \text{(i)}$$

तथा

$$EIy = C_2 + C_1x - \frac{40x^3}{6} - \frac{30}{12}(x-1)^4 - \frac{20}{6}(x-2)^3 + \frac{30}{12}(x-4)^4 \text{(ii)}$$

सीमान्त अवस्थाओं से, चूंकि आबद्ध सिरे पर झुकाव व विक्षेप दोनों शून्य होते हैं।

अतः $x = 4; \ {dy}/{dx} = 0;$ समीकरण (i) से –

$$\therefore 0 = C_1 - \frac{40 \times 4^2}{2} - \frac{30}{3}(3)^3 - \frac{20}{2}(2)^2 + \frac{30}{3}(1)^3$$

$$\Rightarrow C_1 = +620$$

अतः $x = 4 \ \therefore y = 0$ (समी. (ii) से)

$$0 = C_2 + 620 \times 4 - \frac{40}{6}4^3 - \frac{30}{12}3^4 - \frac{20}{6}2^3 + \frac{30}{12}1^4$$

$$\Rightarrow C_2 = -5480/3$$

अतः समी. (i) व (ii) निम्न हो जायेंगे –

$$EI\frac{dy}{dx} = 620 - \frac{40x^2}{2} - \frac{30}{3}(x-1)^3$$

$$-\frac{20}{2}(x-2)^2 + \frac{30}{3}(x-3)^3 \quad \text{(iii)}$$

तथा $EIy = -\frac{5980}{3} + 620x - \frac{40x^3}{6} - \frac{30(x-1)^4}{12}$

$$-\frac{20(x-2)^3}{6}+\frac{30(x-3)^4}{12} \qquad \text{(iv)}$$

चूंकि बाहुधरन में अधिकतम विक्षेप व अधिकतम झुकाव मुक्त सिरे पर होता है। अतः

$$EIy_B = EIy\max = \frac{-5480}{3} KN - m^3$$

$$y\max = \frac{-5480}{3} \text{x} \frac{10^{12}}{2\text{x}10^5 \text{x} 300 \text{x} 10^6} = -30.44mm$$

$$= 30.44mm\,(\text{downward}) \qquad \text{(Ans.)}$$

अब

$$EI\left(\frac{dy}{dx}\right)_B = EI\left(\frac{dy}{dx}\right)_{\max} = 620KN - m^2 = 620\text{x}10^9 N - mm^2$$

$$\left(\frac{dy}{dx}\right)_{\max} = \frac{620\text{x}10^9}{2\text{x}10^5 \text{x} 300 \text{x} 10^6} = 0.01033rad = 0.592^\circ \quad \text{(Ans.)}$$

Q 1.10. चित्र (1.18a) में दर्शायी गई धरन में C, D व E बिन्दुओं पर विक्षेप ज्ञात कीजिए। E= 2 x 10^5 N/mm^2 तथा I = 60 x 10^7 mm^4 मानियें।

(Determine the deflection as points C, D and E in the beam shown in Fig. 1.18(b)). Take E = 2 x 10^5N/mm^2 and I = 60 x 10^7mm^4.)

हल –

$$RA = \frac{30\text{x}4 + 15\text{x}2\text{x}3 + 45\text{x}1}{5} = 51KN$$

मैकाले विधि के लिए आवश्यक, आघूर्ण सामान्य व्यंजक प्राप्त करने के लिए 15 KN/m भार दाहिने सिरे तक बढ़ाते है तथा इसको संतुलित करने के लिए 15 KN/m का भार DB भाग में ऊपर की ओर लगाते है।

$$\therefore \text{M}x = 51x - 30(x-1) - \frac{15(x-1)^2}{2} + \frac{15(x-3)^2}{2} - 45(x-4)$$

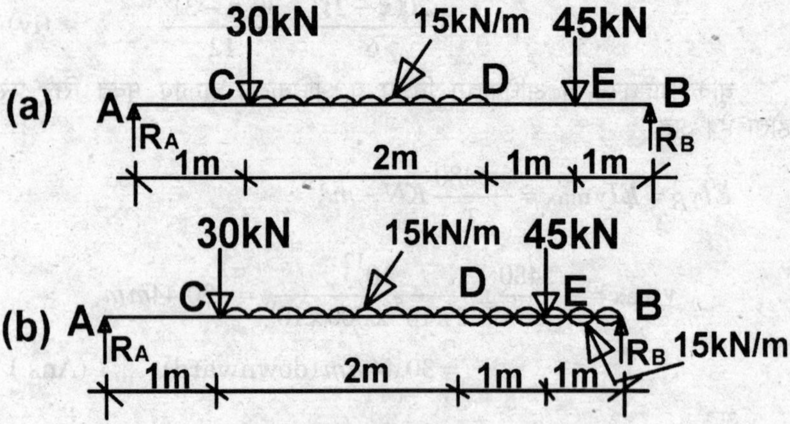

चित्र 1.18

$$\therefore EI\frac{d^2y}{dx^2} = 51x - 30(x-1) - \frac{15}{2}(x-1)^2 + \frac{15}{2}(x-3)^2 - 45(x-4)$$

अतः $$EI\frac{dy}{dx} = C_1 + 51\frac{x^2}{2} - \frac{30}{2}(x-1)^2 - \frac{15}{6}(x-1)^3 + \frac{15}{6}(x-3)^3 - \frac{45}{2}(x-4)^2 \quad \text{(i)}$$

तथा $$EIy = C_2 + C_1x + 51\frac{x^3}{6} - \frac{30}{6}(x-1)^3 - \frac{15}{24}(x-1)^4 + \frac{15}{24}(x-3)^4 - \frac{45}{6}(x-4)^3 \quad \text{(ii)}$$

सिरे A पर $x = 0, y = 0;$ $\therefore 0 = C_2 + 0 + 0 \Rightarrow C_2 = 0$

सिरे B पर $x = 5; y = 0$

$$0 = 0 + C_1 \text{x} 5 + \frac{51 \text{x} 5^3}{6} - \frac{30 \text{x} 4^3}{6} - \frac{15 \text{x} 4^4}{24} + \frac{15 \text{x} 2^4}{24} - \frac{45 \text{x} 1^3}{6}$$

$$\Rightarrow C_1 = -117$$

समीकरण (ii) निम्न हो जायेगी –

$$EIy = -117x + \frac{51x^3}{6} - \frac{30(x-1)^3}{6} - \frac{15}{24}(x-1)^4 + \frac{15}{24}(x-3)^4 - \frac{45(x-4)^3}{6} \quad \text{(iii)}$$

(i) C पर विक्षेप –

$$EIy_c = -117 \times 1 + \frac{51 \times 1^3}{6} = -\frac{217}{2} KN$$

$$-m^3 = -\frac{217}{2} \times 10^{12} N - mm^3$$

$$y_c = \frac{-217 \times 10^{12}}{2 \times 10^5 \times 60 \times 10^7} = -0.904 mm$$

$= 0.904 mm$ (नीचे की ओर) (Ans.)

(ii) D पर विक्षेप –

$$EIy_D = -117 \times 3 + \frac{51 \times 3^3}{6} - \frac{30(2)^3}{6} - \frac{15 \times 2^4}{24} = -343/2 \, KN - m^3$$

$$= \frac{-393}{2} \times 10^{12} N - mm^3$$

$$\therefore y_D = \frac{-343 \times 10^{12}}{2 \times 2 \times 10^5 \times 60 \times 10^7} = -1.4291 mm$$

$= 1.4291$ mm (नीचे की ओर) (Ans.)

(iii) E पर विक्षेप –

$$EIy_E = -117 \times 4 + \frac{51 \times 4^3}{6} - \frac{30 \times 3^3}{6} - \frac{15 \times 3^4}{24} + \frac{15}{24} \times 1^4$$

$$= -109 KN - m^3 = -109 \times 10^{12} N - mm^3$$

$$\therefore y_E = \frac{-109 \times 10^{12}}{2 \times 10^5 \times 60 \times 10^7} = -0.9083 mm$$

= 0.9083*mm* (नीचे की ओर) (Ans.)

1.8. क्षेत्रफल घूर्ण विधि (Moment area method)

इस विधि द्वारा बंकन आघूर्ण चित्र (BMD) के क्षेत्रफल तथा इस क्षेत्रफल का घूर्ण धरन की ढाल व विस्थापन ज्ञात करने के लिए काम में लिया जाता है।

चित्र (1.19(a)) में एक L लम्बाई की भारित धरन AB का बंकन आघूर्ण चित्र दर्शाया गया है। माना कि यह धरन AP'Q'B से झुकती (bent) है जो चित्र 1.19(b) में दर्शाया गया है।

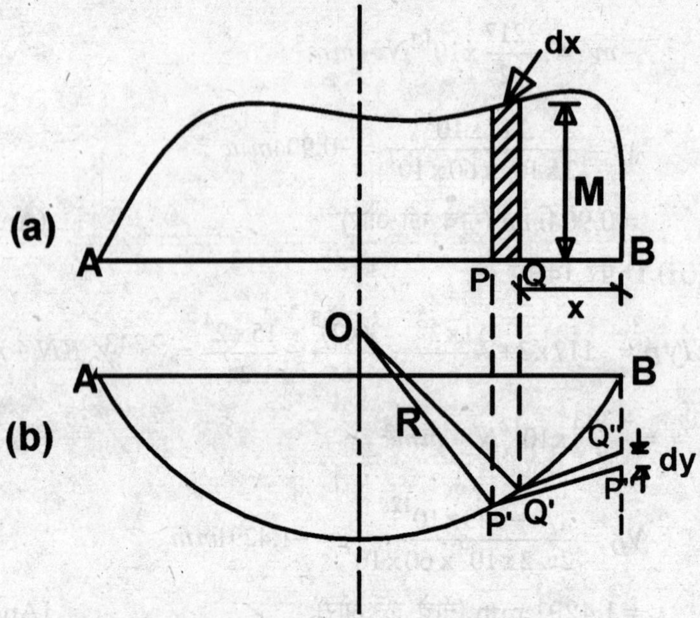

चित्र 1.19

माना कि धरन के सिरे B से x दूरी पर एक खंड dx है, जिसका बंकन आघूर्ण (BM), M है। R धरन के झुकाव की त्रिज्या तथा dθ चाप P'Q' द्वारा केन्द्र पर बनाया गया कोण है।

धरन के झुकाव रूप की ज्यामिति से,

हम जानते है कि, $d\theta = \dfrac{dx}{R}$

लेकिन बंकन समीकरण द्वारा, $\frac{M}{I}=\frac{E}{R}$ तो $R=\frac{EI}{M}$

$$\therefore d\theta=\frac{Mdx}{EI}$$

अब शून्य से L तक सीमायें लेकर समाकलन करने पर

$$\theta=\int_O^L \frac{Mdx}{EI}$$

जब धरन का भार पुरे पाट (Span) के लिए नियत रहता है तो EI भी नियत रहेगा। अतः

$$\theta=\frac{1}{EI}\int_O^L M\,dx$$

लेकिन M dx = प्रारंभिक खंड कग के लिए बंकन आघूर्ण चित्र का क्षेत्रफल $\int_O^L M\,dx$ = सम्पूर्ण पाट (Span) के लिए बंकन आघूर्ण चित्र का क्षेत्रफल = A

$$\text{अतः } \theta=\frac{A}{EI} \qquad (1.16)$$

अब P' व Q' बिन्दुओं से स्पर्श रेखायें खीचते है। ये स्पर्श रेखाये B से गुजरती उर्ध्वाधर रेखा पर P" व Q" बिन्दुओं पर मिलती है। अतः चित्र की ज्यामिति से –

$$\delta y=P''Q''=x.d\theta=\frac{x.M.dx.}{EI}=\frac{Mxdx}{EI}$$

$$\therefore y=\int_O^L \frac{Mxdx}{EI}=\frac{1}{EI}\int_O^L Mxdx$$

$\therefore \int_O^L Mdx\,\mathrm{x}\,x$ = बंकन आघूर्ण चित्र के क्षेत्रफल का प्रथम घूर्ण $= A\bar{x}$

$$\therefore y=\frac{A\bar{x}}{EI} \qquad (1.17)$$

जब बंकन आघूर्ण चित्र का क्षेत्रफल समान प्रकृति का नहीं होता है तो $A\bar{x}$ का मान ज्ञात करते समय सावधानी रखनी चाहिए। समीकरणों (1.16) व (1.17) द्वारा दिये गये परिणाम मोहर सिद्धान्त (Mohar's theorem) कहलाते है।

चित्र (1.20) में कुछ ज्यामिति चित्रों के क्षेत्रफल व गुरूत्व केन्द्र की स्थितियां दर्शायी गयी है। क्षेत्रफल धूर्ण विधि द्वारा विस्थापन व झुकाव ज्ञात करने के लिए इन चित्रों की आवश्यकता होगी।

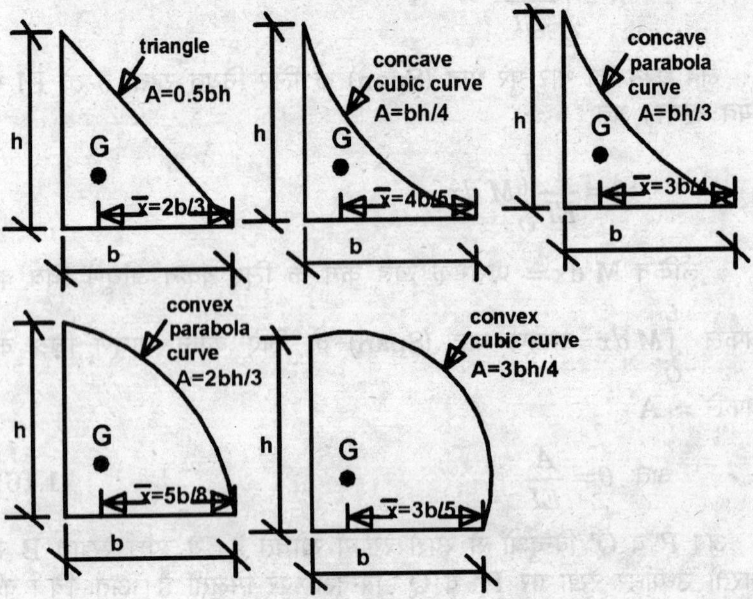

चित्र 1.20

1.9. महत्वपूर्ण स्थितियों के लिए अधिकतम झुकाव व विक्षेप ज्ञात करना

महत्वपूर्ण स्थितियों के लिए धरनों के अधिकतम व विक्षेप मोहर सिद्धान्त से ज्ञात करेंगे।

1.9.1 बाहुधरन जिसके मुक्त सिरे पर अधिकेन्द्रित भार हो

चित्र (1.21) (a), (b) व (ब) में क्रमशः बाहुधरन के मुक्त सिरे पर अधिकेन्द्रित भार, बंकन आघूर्ण चित्र तथा धरन का झुकाव रूप दर्शाया गया है।

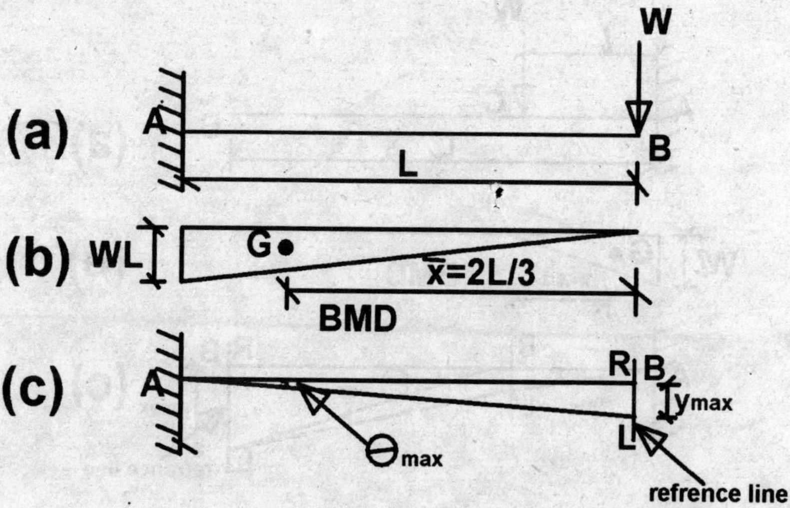

चित्र 1.21

$$\theta_B \text{ या } \theta \max = \frac{A}{EI}$$

जहाँ A = A व B के मध्य बंकन आघूर्ण चित्र का क्षेत्रफल है।

$$A = \frac{1}{2} \text{x} L \text{x} WL = \frac{WL^2}{2} \qquad \therefore \theta_{\max} = \frac{WL^2}{2EI}$$

तथा B पर विक्षेप होगा –

y_b या $y = \frac{A\bar{x}}{EI}$ ($\bar{x}$ = BMD के क्षेत्रफल का संदर्भ रेखा RL के पारितः आघूर्ण $= \frac{2}{3}L$)

$$y = \frac{\frac{WL^2}{2} \text{x} \frac{2L}{3}}{EI} = \frac{WL^3}{3EI}$$

1.9.2. बाहुधरन जब अधिकेन्द्रित भार मुक्त सिरे पर न हो

हम जानते है कि B व C पर बंकन आघूर्ण शून्य होता है तथा A तक रेखीय नियम द्वारा WL तक बढ़ता है। चित्र (1.22)(b)

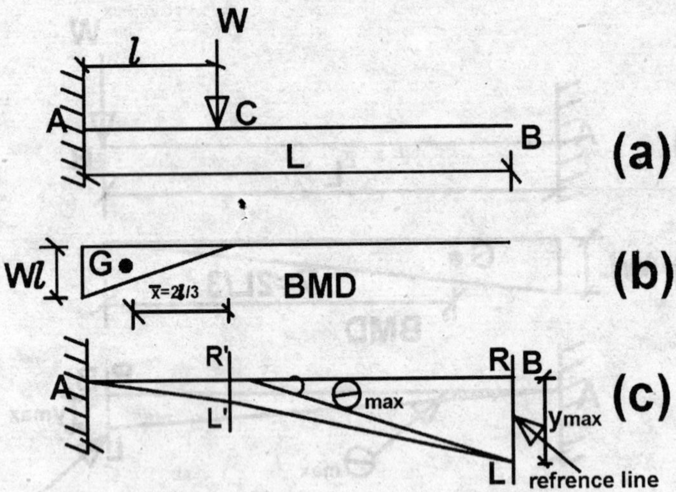

चित्र 1.22

$$\therefore A = \frac{1}{2} Wl.l = \frac{Wl^2}{2}$$

$$\therefore \theta \max = \frac{A}{EI} = \frac{Wl^2}{2EI} \qquad yc = \frac{A\bar{x}_1}{EI}$$

$\bar{x}_1 = R'L'$ संदर्भ रेखा से C.G की दूरी या चूंकि हमें

y_c ज्ञात करना है अतः y_c से C.G. की दूरी लेते है $= 2l/3$

$$\therefore yc = \frac{Wl^2}{2EI} \times \frac{2l}{3} = \frac{Wl^3}{3EI} \quad \text{लेकिन} \quad y_B = y_{\max} = \frac{A\bar{x}_2}{EI}$$

$\bar{x}_2 =$RL संदर्भ रेखा से C.G. की दूरी $= 2l/3 + [L - l]$

$$\therefore y_b = \frac{Wl^2}{2EI}\left[\frac{2l}{3} + (L - l)\right] \quad \text{अतः} \quad y_b = \frac{Wl^3}{3EI} + \frac{Wl^2}{2EI}(L - l)$$

1.9.3. बाहुधरन पर जब समवितरित भार हो

चित्र (1.23)(a), (b) व (ब) से क्रमशः भारित बाहुधरन, बंकन आघूर्ण चित्र व धरन का झुकाव रूप दर्शाया गया है।

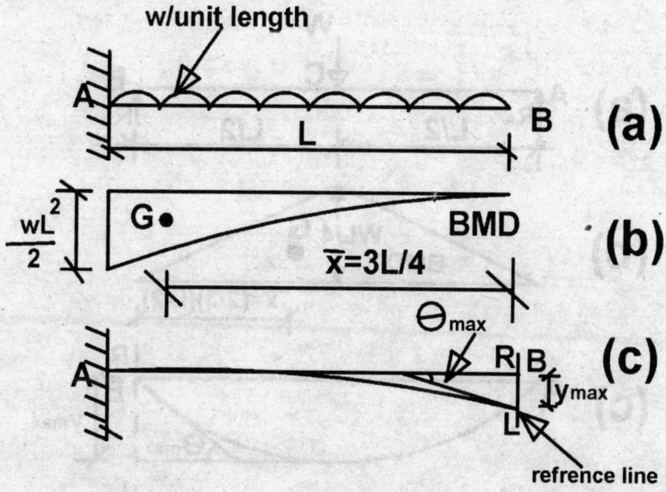

चित्र 1.23

हम जानते है कि $\theta \max = \theta B = \frac{A}{EI}$

यहां $A = \frac{1}{3} . \frac{wL^2}{2} xL = \frac{wL^3}{6}$ $\therefore \theta \max = \theta_B = \frac{wL^3}{6EI}$

अब हम जानते है कि $y_B = y \max = \frac{A\bar{x}}{EI}$

$\bar{x}$ = चूंकि B पर विक्षेप ज्ञात करना है अतः B से C.G.dh दूरी $\bar{x}$ होगी $\therefore \bar{x} = \frac{3}{4}L$

$$\therefore y_B = y \max = \frac{\frac{wL^3}{6} x \frac{3L}{4}}{EI} = \frac{wL^4}{8EI}$$

1.9.4. शुद्धालम्ब धरन पर जब मध्य में अधिकेन्द्रित भार हो

चूंकि धरन पर भार सममित है, अतः अधिकतम विक्षेप भार वाले बिन्दु (C बिन्दु) पर होगा। तथा अधिकतम झुकाव A व B बिन्दुओं पर होगा। C बिन्दु से खीचीं गई स्पर्श रेखा क्षैतिज होगी जो कि चित्र (1.24c) में दर्शायी गयी है।

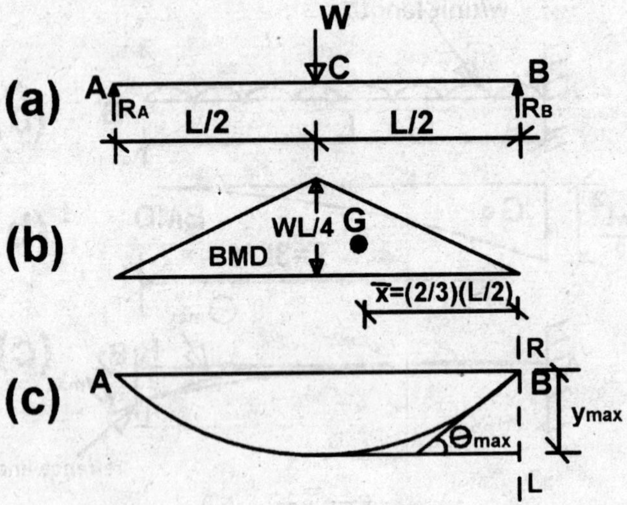

चित्र 1.24

$\theta_A = \theta_B = \theta_{max}$ = सिरे व बिन्दु पर खीचीं गयी स्पर्श रेखाओं के मध्य कोण

$$\theta \max = \frac{A}{EI}$$ (यहां A सिरे B व बिन्दु C के मध्य BMD का क्षेत्रफल)

$$= \frac{WL}{4} \text{x} \frac{1}{2} \text{x} \frac{L}{2} = \frac{WL^2}{16}; \quad \therefore \theta \max = \frac{WL^2}{16EI}$$

$$y_{\max} = \frac{A\bar{x}}{EI}$$ $A\bar{x}$ = बिन्दु C व सिरे B के मध्य बंकन आघूर्ण चित्र (BMD) का घूर्ण है, संदर्भ रेखा के सापेक्ष

$$A\bar{x} = \frac{WL^2}{16} \text{x} \frac{2}{3} \text{x} \frac{L}{2} = \frac{WL^3}{48}; \therefore y_{\max} = \frac{WL^3}{48EI}$$

1.9.5. शुद्धालम्ब धरन पर जब समबांटित भार से

$$\theta A = \theta B = \theta \max = \frac{A}{EI}$$

यहां A = मध्य बिन्दु C व सिरे B के मध्य का बंकन आघूर्ण चित्र का क्षेत्रफल

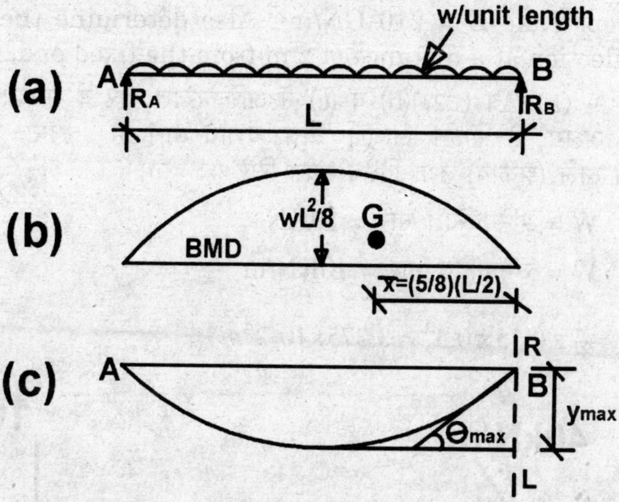

चित्र 1.25

$$= \frac{wL^2}{8} \cdot \frac{L}{2} \cdot \frac{2}{3} = \frac{wL^3}{24} \quad ; \therefore \theta = \frac{wL^3}{24EI}$$

अब, विक्षेप के लिए हम जानते है कि

$$y\,\text{max} = \frac{A\bar{x}}{EI}$$

यहां $A\bar{x}$ = बिन्दु C तथा B के मध्य बंकन आघूर्ण चित्र (BMD) की RL के सापेक्ष घूर्ण

$$= \frac{wL^3}{24} \times \frac{5}{8} \cdot \frac{1}{2} = \frac{5}{384} wL^4 \quad \therefore y_{\text{max}} = \frac{5wL^4}{384EI}$$

Q. 1.11(a). चित्र (1.26) में एक भारित बाहुधरन दर्शायी गयी है। इस बाहुधरन के लिए अधिकतम झुकाव व विक्षेप ज्ञात कीजिए जबकि धरन 150 mm चौड़ी तथा 300 mm गहरी है। E = 210 GN/m^2 मानिये। (अ) आबद्ध सिरे से 2 m की दूरी पर ढाल व विक्षेप भी ज्ञात कीजिए।

A loaded cantilever is shown in Fig. (1.26) as above calculate the maximum deflection and the maximum slope for this cantilever. The cantilever is 150 mm wide and 300 mm deep. Take E = 210 GN/m². Also determine the slope and deflection at a distance of 2 m from the fixed end.

हल – (a) चित्र (1.27)(b) व (c) में अधिकेन्द्रित भार व समबांटित भार के लिए अलग से बंकन आघूर्ण चित्र दर्शाये गये है। स्पष्ट रूप से, अधिकतम ढाल (झुकाव) तथा विक्षेप मुक्त सिरे पर होगा।

W = अधिकेन्द्रित भार = 10KN

W = समबांटित भार = 40KN/m

$$I = \frac{1}{2} x\, 0.15 x\, 0.3^3 = 3.375 x 10^{-4} m^4$$

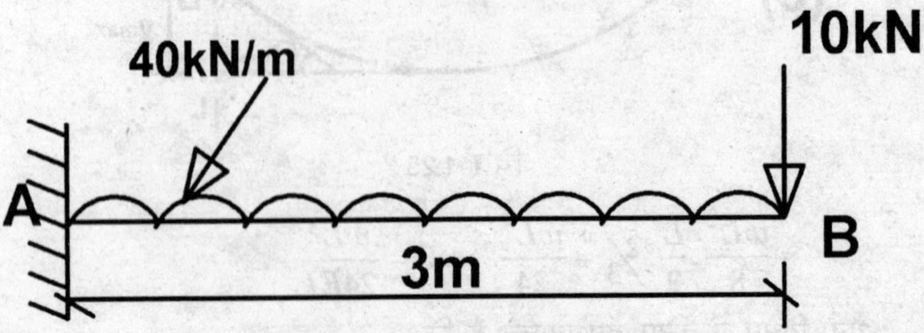

चित्र 1.26

θ_{max} = B पर अधिकेन्द्रित भार के कारण झुकाव + समबांटित भार (UDL) के कारण झुकाव

$$= \frac{WL^2}{2EI} + \frac{WL^3}{6EI}$$

$$= \frac{10 x 3^2 x 10^3}{2 x 210 x 10^9 x 3.375 x 10^{-4}} + \frac{40 x 3^3 x 10^3}{6 x 210 x 10^9 x 3.375 x 10^{-4}}$$

$$= 3.169 x 10^{-3} rad(say)$$

अब हम जानते है कि

y_{max} = अधिकेन्द्रित भार के कारण विक्षेप
+ समबांटित भार के कारण विक्षेप

$$= \frac{WL^3}{3EI} + \frac{wL^4}{8EI}$$

$$= \frac{10 \times 10^3 \times 3^3}{3 \times 210 \times 10^9 \times 3.375 \times 10^{-4}} + \frac{40 \times 10^3 \times 3^4}{8 \times 210 \times 10^9 \times 3.375 \times 10^{-4}}$$

$$= 8.89 mm$$ Ans.

(b) आबद्ध सिरे से 2 m की दूरी एक बिन्दु D लेते है। अब इस बिन्दु व पर झुकाव व विक्षेप के लिए

$\theta_D = \frac{A}{EI}$ (A = A व D से घिरा हुआ बंकन आघूर्ण चित्र का क्षेत्रफल)

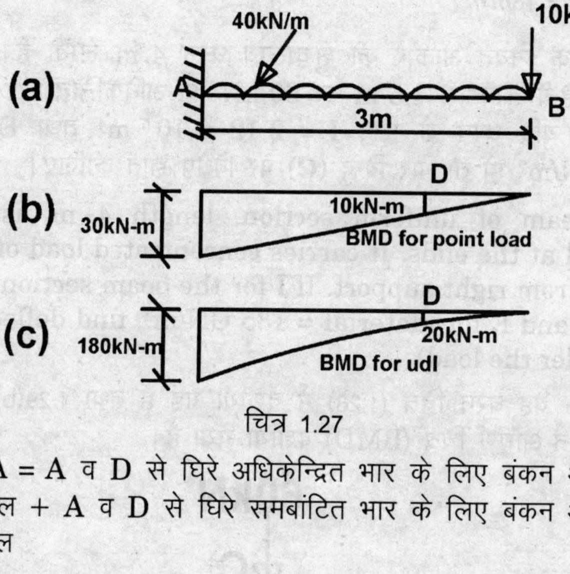

चित्र 1.27

∴ A = A व D से घिरे अधिकेन्द्रित भार के लिए बंकन आघूर्ण चित्र का क्षेत्रफल + A व D से घिरे समबांटित भार के लिए बंकन आघूर्ण चित्र का क्षेत्रफल

$$= 10 \times 2 + \frac{1}{2} \times 20 \times 2 + 20 \times 2 + \frac{1}{3} \times 2 \times 160 = 188.67 KN$$

$$- m = 186.67 \times 10^3 N - m$$

$$\therefore \theta_D = \frac{186.67 \times 10^3}{2.10 \times 10^7 \times 3.375 \times 10^{-4}} = 2.63 \times 10^{-3} rad.$$ Ans.

$\therefore y_D = \frac{A\bar{x}}{EI}$ ($\bar{x}$ = यहां $\bar{x}$ के लिए D से गणना करते है क्योंकि विक्षेप हमें D पर ज्ञात करना है।)

$$\therefore A\bar{x} = 10 \times 2 \times 1 + \frac{1}{2} \times 20 \times 2 \times \frac{2}{3} \times 2 + 20 \times 2 \times 1$$

$$+ \frac{4}{3} \times 2 \times 160 \times \frac{3}{4} \times 2$$

$$= 246.67 KN - m^2 = 246.67 \times 10^3 N - m^2$$

$$\therefore y_D = \frac{246.67 \times 10^3}{210 \times 109 \times 3.375 \times 10^{-4}} = 3.48 \times 10^{-3} m$$

$$= 3.48 mm$$ Ans.

Q 1.12. एक नियत आकार की शुद्धालम्ब धरन 4 m लम्बी है। इस पर दाहिनी तरफ से 1.5 m पर 60 kN का अधिकेन्द्रित भार आरोपित है। यदि धरन के लिए I = 2.12 x 10^{-5} m^4 तथा E = 135 GN/m^2 हो तो भार बिन्दु (C) पर विक्षेप ज्ञात कीजिए।

(A beam of uniform section, length 4 m, is freely supported at the ends. It carries concentrated load of 60 kN at 1.5 m from right support. If I for the beam section is 2.12 x 10^{-5} m^4 and E for material = 135 GN/m^2, find deflection of beam under the load).

हल – यह धरन चित्र (1.28) में दर्शायी गई है तथा 1.29(b) में धरन के लिए बंकन आघूर्ण चित्र (BMD) दर्शाया गया है।

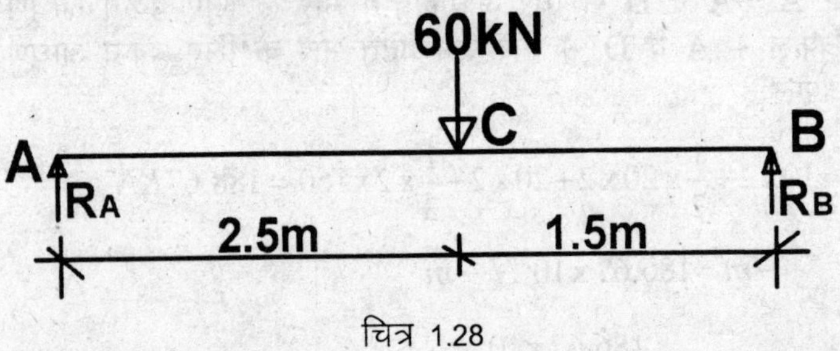

चित्र 1.28

A के परितः आघूर्ण लेने पर,

$R_B \times 4 = 60 \times 2.5$ $R_B = 37.5 KN$ $\therefore R_A = 22.5 KN$

$\therefore$C पर बंकन आघूर्ण

$= 22.5 \times 2.5 = 56.25 KN\text{-}m = 56.25 \times 10^3 N\text{-}m$

माना संदर्भ रेखा RL, Bls गुजरती है तथा संदर्भ रेखा पर A की स्पर्श रेखा रेखा द्वारा काटी गई दूरी BD है। चित्र (1.29)(ब)।

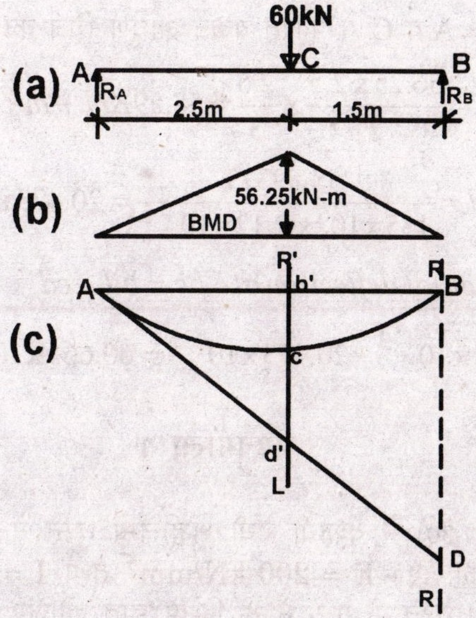

चित्र 1.29

$\therefore BD = \frac{A\bar{x}}{EI}$ (जहां $A\bar{x}$ = BMD A व B के मध्य आघूर्ण RL के सापेक्ष)

$$BD = \frac{56.25\text{x}1.5\text{x}\frac{1}{2}\text{x}\left(\frac{1.5}{3}\right)+\frac{56.25\text{x}2.5}{2}\left(1.5+\frac{2.5}{3}\right)}{135\text{x}10^6\text{x}2.12\text{x}10^{-5}}$$

$= 129.82 \text{ x } 10^{-3}$

माना अन्य संदर्भ रेखा R'L', C से गुजरती है।

अतः समान त्रिभुजों से – $\frac{bd}{Ab} = \frac{BD}{AB}$

$$bd = \frac{BD\text{ x }Ab}{AB} = \frac{129.82\text{x}10^{-3}\text{x }2.5}{4} = 81.137\text{x}10^{-3}m$$

A व C पर स्पर्श रेखायें नयी संदर्भ रेखा R'L' को cd दूरी पर काटती है।

$$\therefore cd = \frac{A\bar{x}}{EI}$$

यहां $A\bar{x}$ = A व C में पारित बंकन आघूर्ण चित्र का घूर्ण है।

$$A\bar{x} = \frac{56.25 \text{ x } 2.5}{2} \text{ x } \frac{2.5}{3} = 58.59 KN - m^2$$

$$\therefore cd = \frac{58.59375}{135 \text{ x } 10^6 \text{ x } 2.12 \text{ x } 10^{-5}} = 20.473 \text{ x } 10^{-3} m$$

$$\therefore Actual\, deflection\, at\, c, bc = bd - cd$$

$$= 81.137 \text{ x } 10^{-3} - 20.473 \text{ x } 10^{-3} = 60.664 \text{ x } 10^{-3} m$$ Ans.

प्रश्नमाला 1

Q 1.1. चित्र (1.30) में दर्शायी गयी शुद्धालम्ब धरन में C बिन्दु पर विक्षेप ज्ञात कीजिए। E = 200 kN/mm^2 तथा I = 200 x 10^6 mm^4 मानिये। धरन के मध्य में भी विक्षेप ज्ञात कीजिए।

Determine the deflection under the load or point C in the beam as shown in Fig. 1.30. Take E = 200 kN/m^2 and I = 200 x 10^6 mm^4. Also find deflection at mid span.

Ans. (11.25 mm, 19.46 mm)

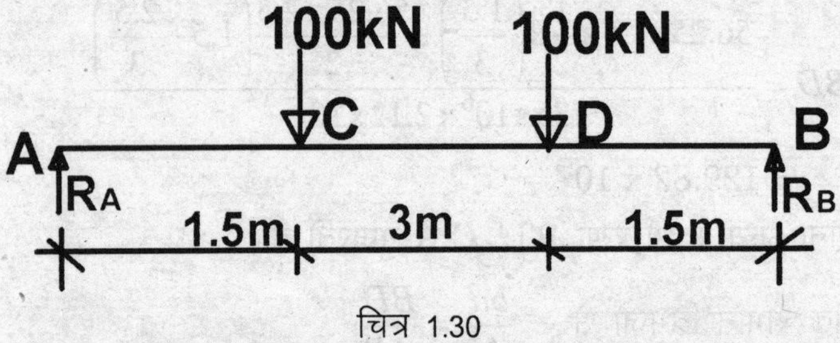

चित्र 1.30

Q 1.2. चित्र (1.31) में दर्शायी गई धरन के लिए अधिकतम विक्षेप ज्ञात कीजिए तथा अधिकतम विक्षेप की स्थिति भी ज्ञात कीजिए। धरन का अनुप्रस्थ काट 40 mm चौड़ा व 100 mm गहरा है। E = 2 x 10^5 N/mm^2

(Determine the maximum deflection and its location in the beam shown in Fig. 1.31. The beam has a cross section of 40 mm wide and 100 mm deep. Take E = 2 x 10^5 N/mm^2

Ans. (y_{max} = 23.03 mm, 1.85 m)

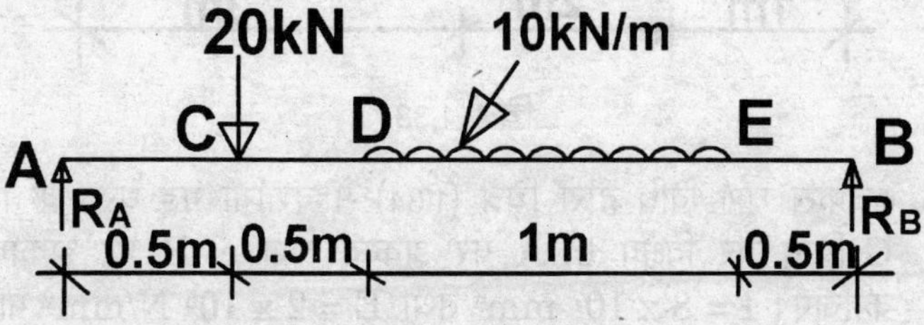

चित्र 1.31

Q 1.3. चित्र (1.32) में दर्शायी गयी बाहुधरन के मुक्त सिरे पर झुकाव तथा विक्षेप ज्ञात कीजिए। धरन का अनुप्रस्थ काट 100 mm चौड़ा तथा 200 mm गहरा है। E = 210 GN/m^2 मानिये।

(Find the slope and deflection of the free end of the cantilever shown in Fig. 1.32. The beam has a cross section 100 mm wide and 200 mm deep. Take E = 210 GN/m^2).

Ans. (310 x 10^{-6} rad & 0.434 mm)

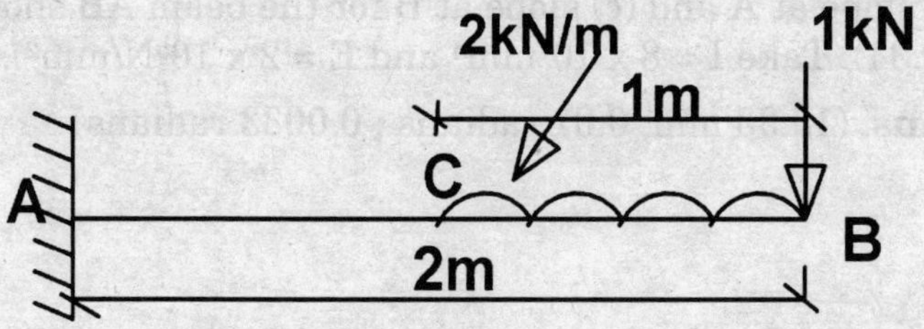

चित्र 1.32

Q 1.4. चित्र (1.33) में दर्शायी गयी धरन के लिए अधिकतम विक्षेप व उसकी स्थिति ज्ञात कीजिए। E = 2 x 10^5 N/mm^2 तथा I = 85 x 10^6 mm^4 मानिये।

(Find the maximum deflection and its location in the beam shown in Fig. (1.33). Take E = 2 x 10^5 N/mm^2 and I = 85 x 10^6 mm^4).

Ans. (20.94 mm; 2.87 m from A)

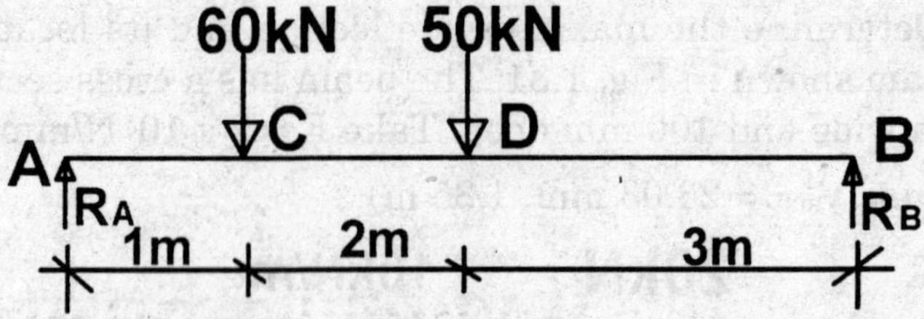

चित्र 1.33

Q 1.5. क्षेत्रफल घूर्ण विधि द्वारा चित्र (1.34) में दर्शायी गई धरन के लिए a) C बिन्दु पर विक्षेप b) A पर झुकाव तथा c) B पर झुकाव ज्ञात कीजिए। $I = 8 \times 10^7$ mm^4 तथा $E = 2 \times 10^5$ N/mm^2 मानिये।

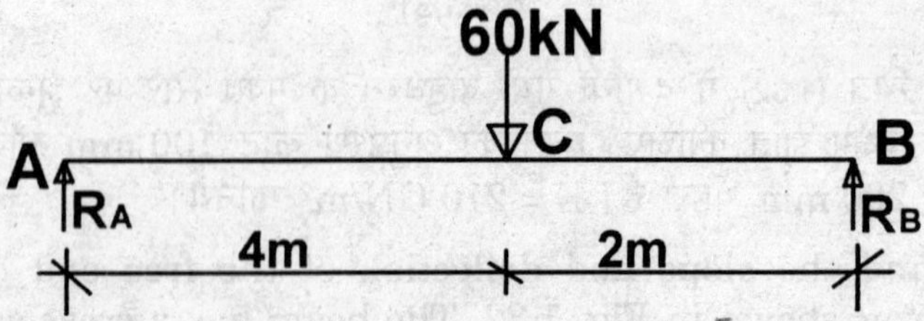

चित्र 1.34

(Using area moment method, compute (a) deflection of C, (b) slope at A and (c) slope at B for the beam AB shown in fig. (1.34). Take $I = 8 \times 10^7$mm^4 and $E = 2 \times 10^5$N/mm^2).

Ans. (13.33 mm; 0.01 radians ; 0.0033 radians)

अध्याय – 2

स्तम्भ तथा थाम (Column & Strut)

2.1 परिभाषायें

1. स्तम्भ (Column) – किसी भवन के ढाँचें या अन्य किसी संरचना का उर्ध्वाधर अवयव जिसमें सम्पीड़न (Compressive) बल हो स्तम्भ कहलाता है।

2. थाम (Strut) – किसी कैंची या अन्य किसी संरचना का आनत अवयव (Inclined member) जिसमें संपीड़न बल होता है थाम कहलाता है।

3. तनुता अनुपात (Slenderness Ratio) – स्तम्भ की लम्बाई तथा स्तम्भ के काट क्षेत्रफल की न्यूनतम जड़ताघूर्ण त्रिज्या (Radius of gyration) का अनुपात, तनुता अनुपात कहलाता है। इसे λ से प्रदर्शित करते है।

$$\text{अतः } \lambda = l/k$$

सुरक्षित भार या बल (Safe Load) – वह भार जो स्तम्भ सुरक्षित तरीके से वहन कर सकता है। सुरक्षित भार कहलाता है।

2.2. स्तम्भ के प्रकार (Types of Column)

1. लघु स्तम्भ (Short Column) – लघु स्तम्भ वह स्तम्भ है जिनका तनुता अनुपात 32 से कम होता है या जिन स्तम्भों में स्तम्भ की लम्बाई तथा व्यास का अनुपात 8 से कम होता है।

$$\text{i.e. } \lambda = l/k \leq 32$$

2. दीर्घ स्तम्भ (Long Column) – दीर्घ स्तम्भ वह स्तम्भ है जिनका तनुता अनुपात 120 से अधिक होता है या स्तम्भ की लम्बाई तथा

व्यास का अनुपात 30 से अधिक होता है

$$\text{i.e. } \lambda = {}^{l}\!/_{k} \geq 120$$

2.3. स्तम्भ का विफल होना (Failure of a Column)

एक लघु स्तम्भ में जब अक्षीय संपीड़न बल (Axial Compressive force) आरोपित होता है तो यह लघु स्तम्भ केवल अवभंजन (Crushing) के द्वारा विफल होता है। अक्षीय बल जिसके कारण लघु स्तम्भ अवभंजन में विफल होता है उसे अवभंजन बल कहते है।

लेकिन जब दीर्घ स्तम्भ में अक्षीय संपीड़न बल आरोपित होता है तो दीर्घ स्तम्भ बंकन या बहकाव (Buckling) के कारण विफल होता है। इस बल को बहकाव बल (Buckling load) या विकलांगिक बल कहते है।

लघु स्तम्भ में अवभंजन बल तथा दीर्घ स्तम्भ में बहकाव या विकलांगिक बल या भार मालूम करने के लिए विभिन्न सूत्र प्रयोग में लाये जाते है। इस अध्याय में केवल निम्न दो सूत्रों का ही अध्ययन करेंगे।

(i) ईलर सूत्र (Euler's Formula)

(ii) रेंकीन सूत्र (Rankine's Formula)

2.4. स्तम्भ के सिरों की स्थितियां (End conditions of a column)

ईलर सूत्र का व्युत्पन करने से पहले स्तम्भ के सिरों की स्थितियों का अध्ययन करेंगे।

किसी भी स्तम्भ का भार या बल वहन क्षमता के लिए स्तम्भ के सिरों की स्थितियां बहुत महत्व रखती है। स्तम्भ के सिरों की निम्न स्थितियां होती हैं।

(i) दोनों सिरे कब्जेदार (ii) दोनों सिरे स्थिर

(iii) एक सिरा स्थिर व दूसरा सिरा कब्जेदार

(iv) एक सिरा स्थिर व दूसरा सिरा स्वतंत्र

2.5. ईलर सिद्धान्त की परिकल्पनायें (Assumption made in Euler's Theory)

ईलर सिद्धान्त की परिकल्पनायें निम्न है –

(i) स्तम्भ प्रारंभ में सीधा (straight) होता है तथा इसका अनुप्रस्थ काट सम्पूर्ण लम्बाई में नियत होता है।

(ii) स्तम्भ पर आरोपित बल अक्षीय सम्पीड़न बल होता है।

(iii) स्तम्भ का पदार्थ हुक के नियम (Hooke's law) की पालना करता है।

(iv) स्तम्भ केवल बहकाव या विकलांगिक (Buckling) बल के कारण विफल होता है।

(v) स्तम्भ के स्वयं के भार को नगण्य मानते है।

2.6. Euler's Formula (ईलर सूत्र)

ईलर सूत्र को व्युत्पित निम्न प्रकार से किया जाता है जो सिरों की विभिन्न स्थितियों पर निर्भर करता है। ईलर सूत्र केवल दीर्घ स्तम्भ के लिए प्रयुक्त होता है जो बहकाव (Buckling) के कारण विफल होता है।

2.6.1 जब दोनों सिरें कब्जेदार हो (when both ends are hinged)

माना AB एक स्तम्भ है जिसकी लम्बाई l है। इसके दोनों सिरे A व B कब्जेदार (hinged) होते है। चित्र (2.1) में माना अक्षीय संपीड़न भार P के कारण । बिन्दु से X दूरी पर विक्षेप Y है। इस काट पर बंकन या नमन आघूर्ण (bending moment) निम्न होगा।

Mx = – Py (x के बढ़ने के साथ वक्रता कम होती है अतः दायी तरफ (–) चिन्ह आता है)

$$\therefore EI\frac{d^2y}{dx^2}=-Py \qquad \left(\because EI\frac{d^2y}{dx^2}=Mx\right)$$

$$\text{या} \quad \frac{d^2y}{dx^2}+\frac{Py}{EI}=0 \qquad (2.1)$$

समीकरण 2.1 अवकल समीकरण जिसका हल निम्न होता है –

$$y=C_1Cos\left(x\sqrt{\frac{p}{EI}}\right)+C_2Sin\left(x\sqrt{\frac{p}{EI}}\right) \qquad (2.2)$$

जहां C_1 and C_2 समाकलन स्थिरांक है। C_1 and C_2 के मान सिरों की स्थितियों से ज्ञात किया जाता है।

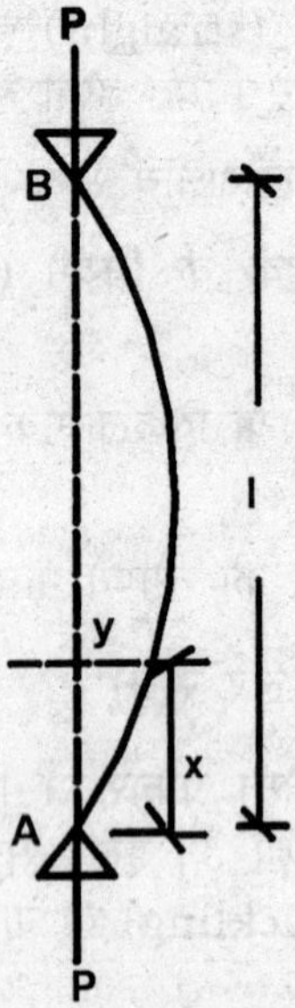

चित्र 2.1

अब **x = 0** पर **y = 0** के मान समी. 2.2 में रखने पर $\therefore C_1 = 0$

x = l पर, **y = 0** के मान समी. 2.2 में रखने पर

$$0=0+C_2 Sin\left(l\sqrt{\frac{P}{EI}}\right) \text{ या } 0=C_2 Sin\left(l\sqrt{\frac{P}{EI}}\right)$$

$\because C2 \neq 0$ C_2 शून्य नहीं हो सकता

$$\text{अतः } Sin\left(l\sqrt{\frac{P}{EI}}\right) = 0$$

$$\therefore l\sqrt{\frac{P}{EI}} = 0, \pi, 2\pi, 3\pi \ldots\ldots\ldots\ldots$$

$l\sqrt{\frac{P}{EI}}$ का न्यूनतम व्यवहारिक मान लेने पर $\therefore l\sqrt{\frac{P}{EI}} = \pi$ वर्ग करने पर

$$l^2 \frac{P}{EI} = \pi^2 \quad \text{या} \quad P = \frac{\pi^2 EI}{l^2} \tag{2.3}$$

समीकरण 2.3 से P जिसे ईलर भार, विकलांग भार (Clipping load) या बहकाव भार (Buckling load) कहते है, ज्ञात कर सकते है।

2.6.2 दोनों सिरें स्थिर हो (Both Ends Fixed)

चित्र (2.2) में दर्शायें अनुसार एक स्तम्भ AB जिसकी लम्बाई l है के दोनों सिरे स्थिर है। माना A व B सिरों पर M_0 आघूर्ण उत्पन्न होता हैं चुंकि सिरे स्थिर हैं। अतः किसी काट पर बंकन आघूर्ण (Bending moment) निम्न प्रकार से दिया जाता है।

$$M_x = M_0 - Py$$

$$\therefore \frac{d^2y}{dx^2} + \frac{Py}{EI} = \frac{M_0}{EI} \tag{2.4}$$

$$\because Mx = EI \frac{d^2y}{dx^2} \qquad \therefore EI \frac{d^2y}{dx^2} = M_0 - Py$$

समी. (2.4) एक अवकल समीकरण है जिसका हल निम्न प्रकार होता है–

$$y = C_1 Cos\left(x\sqrt{\frac{P}{EI}}\right) + C_2 Sin\left(x\sqrt{\frac{P}{EI}}\right) + \frac{M_0}{P} \tag{2.5}$$

C1 & C2 समाकलन स्थिरांक है।

समीकरण 2.5 का x के सापेक्ष अवकलन करने पर,

$$dy/dx = -C_1\sqrt{\frac{P}{EI}} Sin\left(x\sqrt{\frac{P}{EI}}\right) + C2\sqrt{\frac{P}{EI}} Cos\left(x\sqrt{\frac{P}{EI}}\right) \tag{2.6}$$

परिस्थितियों के अनुसार,

$\frac{dy}{dx} = 0$ जब x = 0; ये मान समीकरण 2.6 में रखने पर,

$$O = C_2\sqrt{\frac{P}{EI}}$$

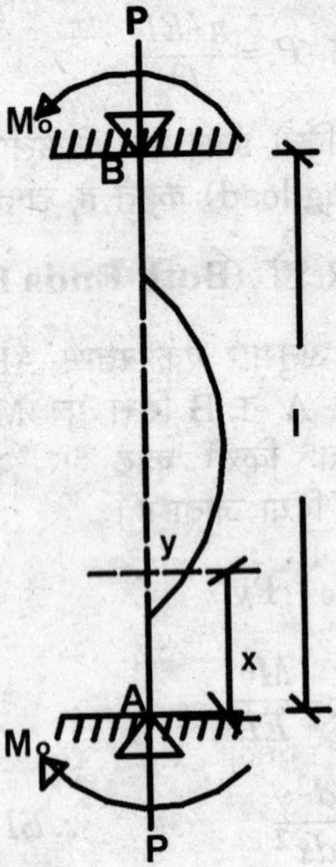

चित्र 2.2

चूंकि P शून्य नहीं हो सकता, अतः $C_2 = 0$ जब $x = 0$, तो $y = 0$ ये मान समी. (2.5) में रखने पर,

$$O = C_1 \frac{M_0}{P} \qquad C_1 = -M_0/P$$

C_1 & C_2 के मान समीकरण (2.5) में रखने पर

$$y = -\frac{M_0}{P}Cos\left(x\sqrt{\frac{P}{EI}}\right)+\frac{M_0}{P} \qquad (2.7)$$

पुनः जब $x = l$ तो $y = 0$; ये मान समीकरण (2.7) में रखने पर

$$O = -\frac{M_0}{P}Cos\left(l\sqrt{\frac{P}{EI}}\right)+\frac{M_0}{P} \quad \text{या} \quad Cos\left(l\sqrt{\frac{P}{EI}}\right)=1$$

$$\therefore \left(l\sqrt{\frac{P}{EI}}\right)=0, 2\pi, 4\pi \ ....$$

अब न्यूनतम व्यवहारिक मान लेने पर,

$$\therefore l\sqrt{\frac{P}{EI}}=2\pi \quad \text{or} \quad l^2\frac{P}{EI}=4\pi^2$$

$$\therefore P=\frac{4\pi^2 EI}{l^2} \tag{2.8}$$

2.6.3. एक सिरा स्थिर व दूसरा कब्जेदार (One end is fixed & other end is hinged)

चित्र 2.3 में इस प्रकार का स्तम्भ दर्शाया गया है इस स्तम्भ में स्थिर सिरे A पर आघर्ण M_0 कार्य करता है। जिसके कारण स्तम्भ की साम्यावस्था में क्षैतिज बल H उत्पन्न होता है। जहां $H=M_0/l$ किसी काट, जो A से x दूरी पर है। अतः इस काट में बंकन आघूर्ण होगा

$$Mx=EI\frac{d^2y}{dx^2}=H(l-x)-Py$$

अर्थात् $$\frac{d^2y}{dx^2}+\frac{Py}{EI}=\frac{H(l-x)}{EI} \tag{2.9}$$

समीकरण (2.9) एक अवकल समीकरण है जिसका हल निम्न प्रकार है।

$$y=C_1 Cos\left(x\sqrt{\frac{P}{EI}}\right)+C_2 Sin\left(x\sqrt{\frac{P}{EI}}\right)+\frac{H(l-x)}{P} \tag{2.10}$$

C_1 & C_2 समाकलन स्थिरांक हैं।

समीकरण (2.10) का x के सापेक्ष अवकलन करने पर

$$\frac{dy}{dx}=-C_1\sqrt{\frac{P}{EI}}Sin\left(x\sqrt{P/EI}\right)+C_2\sqrt{\frac{P}{EI}}Cos\left(x\sqrt{P/EI}\right)-\frac{H}{P} \tag{2.11}$$

x = 0 पर $\frac{dy}{dx}=0$; ये मान समी. (2.11) में रखने पर

$$\therefore C_2\sqrt{\frac{P}{EI}}-\frac{H}{P}=0 \quad \therefore C_2=H/P\sqrt{\frac{EI}{P}}$$

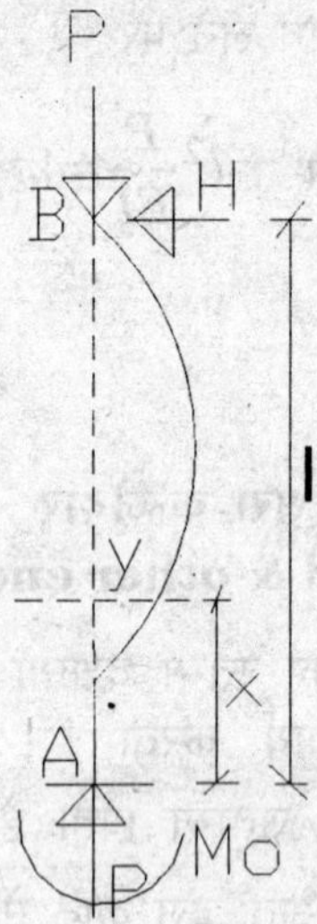

चित्र 2.3

अब $x = 0$ तो $y = 0$; ये मान समीकरण (2.10) में रखने पर,

$$0 = C_1 \frac{H(l)}{P} \qquad \Rightarrow C_1 = -H\, l/p$$

अब $x = l \therefore y=0$ के मान समी. (2.10) में रखने पर,

$$0=C_1 Cos\left(l\sqrt{\frac{P}{EI}}\right)+C_2 Sin\left(l\sqrt{\frac{P}{EI}}\right)$$

$$\text{या } \tan\left(l\sqrt{\frac{P}{EI}}\right)=-\frac{C_1}{C_2}=\left(\frac{Hl}{P}\right)\Big/\frac{H}{P}\sqrt{\frac{EI}{P}}$$

$$\therefore \tan\left(l\sqrt{\frac{P}{EI}}\right)=l\sqrt{\frac{P}{EI}}$$

यह $\tan\phi=\varphi$ का रूप है, अतः इसका हल होगा

$$l\sqrt{\frac{P}{EI}}= 4.49\, Radian=\sqrt{2}\,\pi \quad \text{या} \quad l^2\frac{P}{EI}=2\pi^2$$

$$\therefore P = \frac{2\pi^2 EI}{l^2} \quad (2.12)$$

2.6.4. एक सिरा स्थिर तथा दूसरा सिरा स्वतंत्र (One end is fixed & other is free)

इस तरह का स्तम्भ अपनी मुड़ी हुई आकृति में चित्र (2.4) से दर्शाया गया है। माना A सिरा स्थिर है तथा सिरा B स्वतंत्र है। माना A से x दूरी पर विक्षेप y है।

$$\therefore EI\frac{d^2y}{dx^2} = M_x = \mathrm{P}(a-y)$$

जहां a अधिकतम विक्षेप है।

$$\text{अतः } EI\frac{d^2y}{dx^2} + \frac{Py}{EI} = \frac{Pa}{EI} \quad (2.13)$$

समीकरण (2.13) जो एक अवकल समीकरण है का हल निम्न प्रकार है।

$$y = C_1 Cos\left(x\sqrt{\frac{P}{EI}}\right) + C_2 Sin\left(x\sqrt{\frac{P}{EI}}\right) + a \quad (2.14)$$

समीकरण (2.14) का x के सापेक्ष अवलन करने पर –

$$\frac{dy}{dx} = -C_1\sqrt{\frac{P}{EI}}Sin\left(x\sqrt{\frac{P}{EI}}\right) + C_2\sqrt{\frac{P}{EI}}Cos\left(x\sqrt{\frac{P}{EI}}\right) \quad (2.15)$$

x = 0 पर, $\frac{dy}{dx} = 0$; ये मान समीकरण (2.15) में रखने पर

$$O = C_2\sqrt{P/EI} \quad \text{चूंकि } P/EI \neq 0; \text{ अतः } C_2 = 0$$

$$\therefore y = C_1 Cos\left(x\sqrt{P/EI}\right) + a \quad (2.16)$$

अब x = 0 पर y = 0 ये मान समी. (2.16) में रखने पर

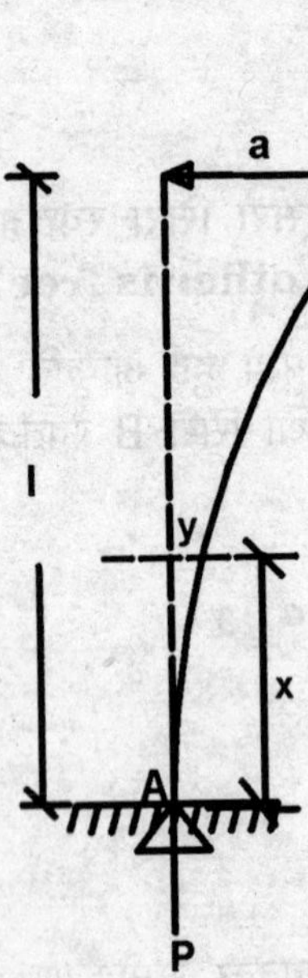

चित्र 2.4

$$O = C_1 + a$$

$$C_1 = -a$$

अब $x = l$ पर $y = a$; तथा C_1 का मान समीकरण (2.16) में रखने पर

$$a = -a\,Cos\left(l\sqrt{P/EI}\right) + a \qquad \therefore Cos\,l\sqrt{P/EI} = 0$$

$$l\sqrt{P/EI} = \frac{\pi}{2}, \frac{3\pi}{2}, \frac{5\pi}{2}, \ldots\ldots\ldots\ldots$$

न्यूनतम मान लेने पर $\sqrt{P/EI} = \frac{\pi}{2}$

वर्ग करने पर $l^2 \times \frac{P}{EI} = \frac{\pi^2}{4}$

या $P = \frac{\pi^2 EI}{4l^2}$ (2.17)

2.7 प्रगावी स्तम्भ लम्बाई (Effective of Equivalent length)

सिरों की विभिन्न स्थितियों के लिए ज्ञात किये गये विकलांग (Grippling) भार के सूत्रों में अत्यधिक समानतायें है। सभी सूत्रों को केवल एक सूत्र से व्यक्त किया जा सकता है –

$$P = \frac{\pi^2 EI}{l^2 e}$$, जहां le = प्रभावी स्तम्भ लम्बाई हैं।

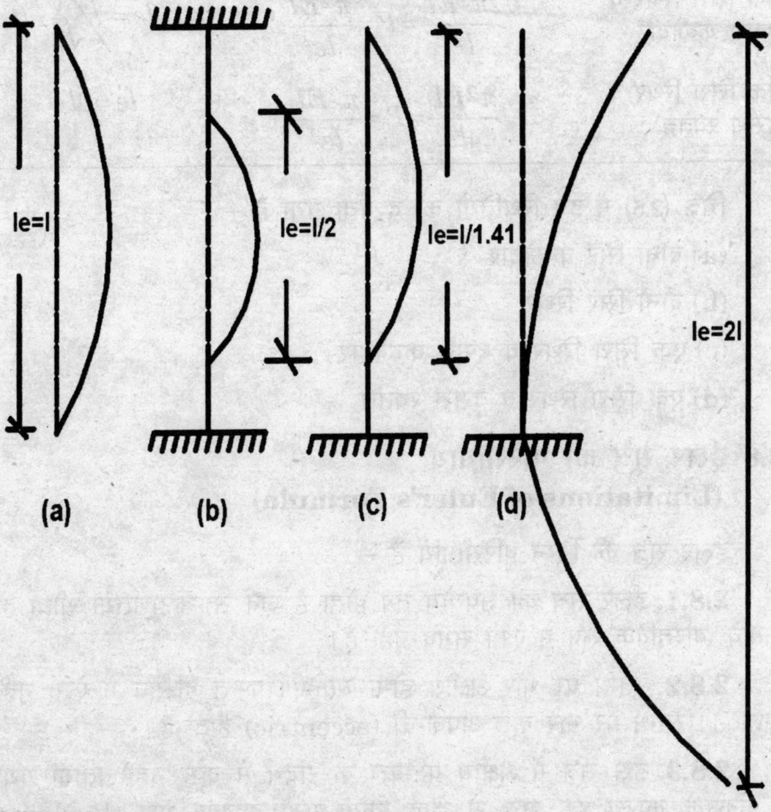

चित्र 2.5

सारणी 2.1 में सिरों की विभिन्न स्थितियों के लिए प्रभावी स्तम्भ लम्बाई दी गई है।

सारणी 2.1

सिरों की स्थितियाँ	विकलांग बल (Crippling Load)	प्रभावी स्तम्भ लम्बाई
दोनों सिरे कब्जेदार	$\frac{\pi^2 EI}{l^2} = P = \frac{\pi^2 EI}{le^2}$	$le = l$
दोनों सिरें स्थिर	$\frac{4\pi^2 EI}{l^2} = P = \frac{\pi^2 EI}{le^2}$	$le = l/2$
एक सिरा स्थिर व दूसरा कब्जेदार	$\frac{2\pi^2 EI}{l^2} = P = \frac{\pi^2 EI}{le^2}$	$le = l/\sqrt{2}$
एक सिरा स्थिर व दूसरा स्वतंत्र	$\frac{\pi^2 EI}{4l^2} = P = \frac{\pi^2 EI}{le^2}$	$le = 2l$

चित्र (2.5) में इन स्थितियों को दर्शाया गया है –

(a) दोनों सिरें कब्जेदार

(b) दोनो सिरें स्थिर

(c) एक सिरा स्थिर व दूसरा कब्जेदार

(d) एक सिरा स्थिर व दूसरा स्वतंत्र

2.8 ईलर सूत्र की परिसीमायें (Limitations of Euler's Formula)

ईलर सूत्र की निम्न परिसीमायें है –

2.8.1. ईलर सूत्र का उपयोग तब होता है जब स्तम्भ पूर्णतया सीधा हो जबकि वास्तविक रूप में ऐसा संभव नहीं है।

2.8.2. स्तम्भ पर भार अक्षीय होना चाहिए। परन्तु वास्तव में ऐसा नहीं होता हे। स्तम्भ पर भार कुछ अपकेन्द्री (eccentric) होता है।

2.8.3. इस सूत्र में अक्षीय प्रतिबल के संदर्भ में कुछ नहीं बताया गया है जिसके कारण इस सूत्र से ज्ञात किया गया बहकाव भार (Buckling load) वास्तविक बहकाव भार से अधिक होता है।

इस सूत्र की वैधता केवल सभी है जब स्तम्भ बहकाव (Buckling) में विफल हो। विकलांगता (Crippling) के लिए ईलर सूत्र निम्न होता है –

$$Pcr = \frac{\pi^2 EI}{l^2 e} \qquad \therefore Pcr = \frac{\pi^2 EAK^2}{l^2 e}$$

जहां K जड़ता घूर्ण त्रिज्या

$$\therefore \frac{Pcr}{A} = \frac{\pi^2 E}{(le/k)^2} \quad \text{या} \quad fcr = \frac{\pi^2 E}{(le/k)^2} \qquad (2.18)$$

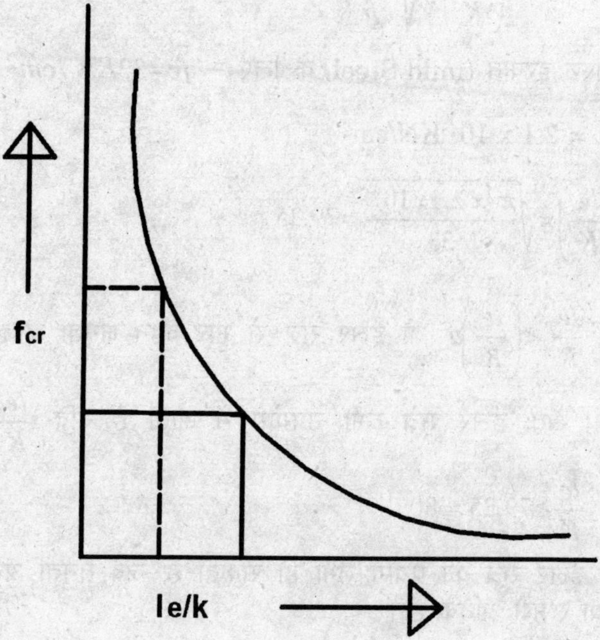

चित्र 2.6

जहां Pcr विकलांगिक प्रतिबल (Crippling Stress) पद (le/k) को तनुता अनुपात कहते है। तनुता अनुपात बढ़ता है तो विकलांगिक प्रतिबल (Crippling Stress) कम हो जाता है समी. (2.18) में जैसे ही (l/k) तनुता अनुपात का मान शून्य होता है तो विकलांगिक प्रतिबल (Crippling Stress) अनन्त हो जाता है। वास्तव में ऐसा संभव नहीं है क्योंकि विकलांगिक प्रतिबल के अनन्त होने से पहले ही स्तम्भ का पदार्थ अवभंजित हो जाता है। चित्र (2.6) में समीकरण (2.18) का लेखाचित्रीय प्रदर्शन किया गया है। अतः विकलांगिक प्रतिबल (Crippling Stress) का सीमान्त मान अवभंजित प्रतिबल (Crushing Stress) के समान होता है।

$$\therefore fcr = fc$$

$$\frac{\pi^2 E}{\left(\frac{le}{K}\right)^2} = fc \qquad \therefore \left(le/K\right)^2 = \frac{\pi^2 E}{fc}$$

$$\text{i.e. } \left(\frac{le}{K}\right) = \sqrt{\frac{\pi^2 E}{fc}}$$

साधारण इस्पात (mild Steel) के लिए – $fc = 33KN/cm^2$

& $E = 2.1 \times 10^4$ KN/cm²

$$\therefore \left(\frac{le}{K}\right) = \sqrt{\frac{\pi^2 x\, 2.1 x\, 10^4}{33}} = 79.25$$

यदि $\frac{le}{K} < \left(\frac{le}{K}\right)u$ तो ईलर सूत्र से भार वहन क्षमता ज्ञात नहीं हो सकती है। अतः ईलर सूत्र तभी उपयोग में आता है यदि $\frac{le}{K} \geq \left(\frac{le}{K}\right)$ limit या $\frac{le}{K} \geq 79.25 = 80$

अतः ईलर सूत्र का प्रयोग तभी हो सकता है, जब तनुता अनुपात का मान 80 या उससे अधिक हो।

Q. 2.1. एक साधारण इस्पात की नली जो 5 m लम्बी है, जिसका आन्तरिक व्यास 5 सेमी है तथा मोटाई 0.5 सेमी है को थाम की तरह प्रयोग में लाया गया है। थाम के सिरें दोनों तरफ से कब्जेदार है। विकलांगिक बल ज्ञात कीजिए। दिया है – $E = 21$ MN/cm²

A mild steel tube 5 m long, 5 cm internal diameter & 0.5 cm thick is used as a strut with both ends hinged. Find the clipping load. Take $E = 21$ MN/cm²

हल – आंतरिक व्यास = 5 cm

बाहरी व्यास = 5 cm + 2 x 0.5 = 6 cm

अब थाम का जड़त्व आघूर्ण, I

$$I=\frac{\pi}{64}(D^4-d^4) = \pi/_{64}(6^4-5^4) = 32.93 \text{ cm}^4$$

चूंकि दोनों सिरें कब्जेदार है अतः

प्रभावी लम्बाई, $le=l=500cm$ तथा $E = 2.1 \times 10^5 N/mm^2$

विकलांगिक भार, $P = \frac{\pi^2 EI}{le^2} = 27.3\,KN$

Q. 2.2. ईलर सूत्र का प्रयोग करते हुए स्तम्भ के लिए विकलांग या बहक प्रतिबल ज्ञात करों। तनुता अनुपात 30, 50, 80, 120, 170 है। दोनों सिरों की स्थिति कब्जेदार हैं। तथा $E = 2.1 \times 10^5 N/mm^2$ मानिये।

Using Euler's formula, calculate the crippling stresses for strut, having slenderness ratio of 30, 50, 80, 120, 170 for the conditions that strut has both ends hinged.

हल – $p_E=\frac{\pi^2 EI}{le^2}$ जहां le प्रभावी लम्बाई

यदि दोनों सिरे कब्जेदार है तो $le=l$

अतः $P_E=\frac{\pi^2 EI}{l^2} \quad (\because I=AK^2)$

$\therefore$ बहक प्रतिबल $\quad p_E=\frac{P_E}{A}=\frac{\pi^2 EK^2}{l^2}$

या $P_E=\frac{\pi^2 E}{\left(\frac{l}{k}\right)^2} = \frac{2.0726\times 10^6}{(l/k)^2}$

उपरोक्त में विभिन्न $\frac{l}{k}$ के मान रखने पर बहक प्रतिबल ज्ञात कर सकते है।

(a) $l/_k=30 \qquad \therefore p_E=\frac{2.0726\times 10^6}{30^2}=2302.90\,N/mm^2$

(b) $l/k = 50$ $\therefore p_E = \frac{2.0726 \times 10^6}{50^2} = 2829.04\,N/mm^2$

(c) $l/k = 80$ $\therefore p_E = \frac{2.0726 \times 10^6}{80^2} = 323.84\,N/mm^2$

(d) $l/k = 120$ $\therefore p_E = \frac{2.0726 \times 10^6}{120^2} = 143.84\,N/mm^2$

(e) $l/k = 170$ $\therefore p_E = \frac{2.0726 \times 10^6}{170^2} = 71.71\,N/mm^2$

संक्षेप में परिणाम इस प्रकार है –

सारणी 2.2

l/k	30	50	80	120	170
p_E (N/mm^2)	2302.90	829.04	323.84	193.93	71.71

Ans.

Q. 2.3. एक T खण्ड के थाम को बंकन भार ज्ञात कीजिए जिसकी फलैंज की चौड़ाई 120 mm, सम्पूर्ण ऊँचाई 120 mm तथा फलैंज व वेब की मोटाई 12mm है। थाम 4m लम्बा है तथा इसके दोनों सिरे स्थिर है। E = 200 GN/m² मानिये।

Determine buckling load for a strut of teesection, the flange width being 120 mm, overall depth 120 mm & both flange & web 12 mm thick. The strut is 4m long & is fixed at both ends.

Take E = 200 GN/m².

हल – T खण्ड की चित्र 2.7 में दर्शाया गया है। माना केन्द्रक (Centroid) उच्च तल से $\bar{y}$ पर है।

$$\therefore \bar{y} = \frac{120 \times 12 \times 6 + 108 \times 12 \times 66}{(120 \times 12) + (108 \times 12)} = 34.76\,mm$$

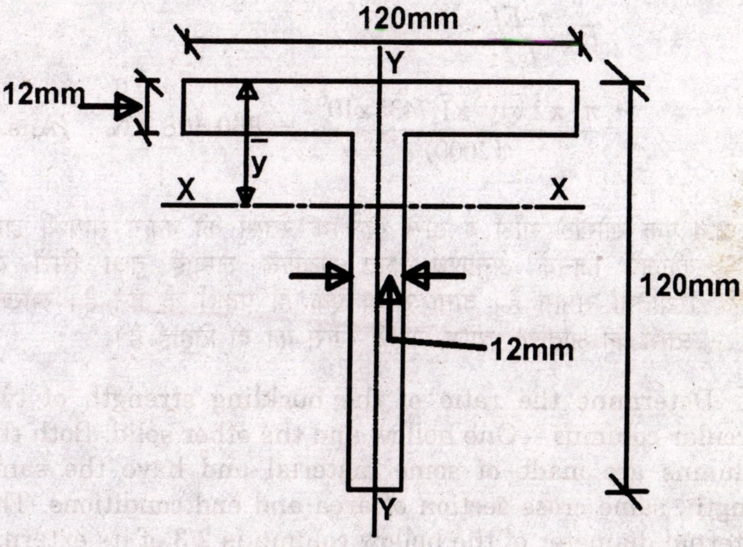

चित्र 2.7

अब बहक भार ज्ञात करने के लिए न्यूनतम जडत्व आघर्ण I ज्ञात करेंगे। अतः Ix & Iy दोनों ज्ञात करेंगे व जो कम होगा उसे P ज्ञात करने के लिए उपयोग में लेंगे।

अतः $$Ix = \frac{1}{12} x 120 x 12^3 + (120 x 12) x (34.76 - 6)^2$$

$$+ \frac{1}{12} x 108^3 x 12 + 108 x 12 x (66 - 34.76)^2$$

$$\therefore Ix = 3.7328 x 10^6 mm^4$$

तथा $$Iy = \frac{1}{12} x 120^3 x 12 + \frac{1}{12} x 108 x 12^3$$

$$= 1.7435 \text{ x } 10^{-6} \text{ mm}$$

∴ न्यूनतम जड़त्व आघूर्ण, $I = Iy = 1.7435 \text{ x } 10^{-6}$ mm

∵ दोनों सिरें स्थिर है। अतः $le = l/2 = \frac{4000}{2} = 2000mm$

$E = 200 \text{ GN/M}^2 = 2 \text{ x } 10^5 \text{N/mm}^2$

$$\therefore P = \frac{\pi^2 EI}{le^2}$$

$$= \frac{\pi^2 x\, 2x\, 10^5 x 1.7435 x 10^6}{(2000)^2} = 860.408 \text{ KN} \quad \text{(Ans.)}$$

Q. 2.4 एक खोखले गोले व ठोस गोले के स्तम्भ की बंकन सामर्थ्य ज्ञात कीजिए जिनके अनुप्रस्थ काट क्षेत्रफल लम्बाई तथा सिरों की स्थितियां समान है। दोनों स्तम्भ एक ही पदार्थ के बने है। खोखले स्तम्भ का आंतरिक व्यास, बाहरी व्यास का दो तिहाई है।

Determine the ratio of the buckling strength of two circular columns – One hollow and the other solid. Both the columns are made of some material and have the same length, same cross section of area and end conditions. The internal diameter of the hollow column is 2/3 of its external diameter.

हल – माना D_0 = खोखले स्तम्भ का बाहरी व्यास है।

$Di = \frac{2}{3} D0$ = खोखलें स्तम्भ का आन्तरिक व्यास है।

D = ठोस स्तम्भ का व्यास है।

∴ प्रश्नानुसार, दोनों स्तम्भों का क्षेत्रफल समान है। अतः

$$\frac{\pi}{4}(D0^2 - (\tfrac{2}{3} D0)^2) = \frac{\pi}{4} D^2$$

$0.555\, D_0^2 = D^2 \Rightarrow \frac{D^2}{D0^2} = \frac{5}{9}$; दोनों तरफ वर्ग करने पर,

$$\frac{D^2}{D0^2} = \frac{25}{81}; k \frac{D0^4}{D^4} = \frac{81}{25} \qquad (1)$$

माना P_H खोखले स्तम्भ का बहकाव भार (Buckling load) है तथा Ps ठोस स्तम्भ का बहकाव भार है। चूंकि दोनों की सिरों की स्थितियां समान है।

अतः $le^2 H = le^2 S = le^2$

अब $P_H = \dfrac{\pi^2 EI_H}{l^2 e}$ तथा $P_s = \dfrac{\pi^2 EI_s}{l^2 e}$

$$\frac{P_H}{P_S} = \frac{I_H}{I_S} = \pi/64 \frac{\left[D_0^4 - \left(\frac{2}{3}D_0\right)^4\right]}{\frac{\pi}{64}D^4}$$

$$\frac{P_H}{P_S} = \frac{65}{81} x \frac{D_o^4}{D^4} \qquad (2)$$

अब $\dfrac{D_o^4}{D^4}$ का मान समी. (1) से समी. (2) में रखने पर

$$\frac{P_H}{P_S} = \frac{65}{81} x \frac{81}{25} = 2.6 \qquad \therefore \frac{P_H}{P_S} = 2.6 \qquad \text{Ans.}$$

Q. 2.5 चित्र 2.8 में एक खोखली मिश्र धातु की नली का अनुप्रस्थ काट दर्शाया गया है। यह नली 5 मी. लम्बी है तथा नली के बाहरी व आंतरिक व्यास क्रमशः 5 सेमी व 3 सेमी है। इस नली की लम्बाई क्रमशः 100 KN के तनाव बल के कारण 1.9 mm बढ जाती है। इस नली के लिए बहकाव भार ज्ञात कीजिए यदि इस नली को स्तम्भ की तरह प्रयोग में लाया जाता है जिसका एक सिरा स्थिर व दूसरा कब्जेदार हो। वह सुरक्षित संपीड़न बल भी ज्ञात कीजिए जिसके लिए सुरक्षा कारक 3 हो।

(A hollow alloy tube 5 m long with external and internal diameters equal to 5 cm and 3 cm respectively was found to extend 1.9 mm under a tensile load of 100 kN. Find the buckling load for the tube, when used as column with one end fixed and other hinged. Also determine safe compressive load for the tube, with a factor of safety of 3).

हल – अनुप्रस्थ काट क्षेत्रफल

$$A = \frac{\pi}{4}(5^2 - 3^2) = 4\pi \text{ cm}^2$$

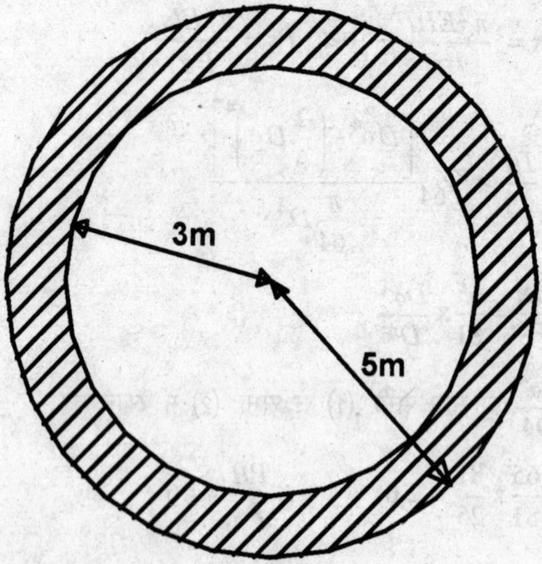

चित्र 2.8

जब छड़ पर तनाव बल आता है तो विस्तार (δl)

$$\delta l = \frac{WL}{AE} = \frac{100 \times 10^3 \times 5000}{400\pi \times E} = 1.9$$

$$\therefore E = \frac{100 \times 10^3 \times 5000}{400\pi \times 1.9} = 204.41 \times 10^3 N/mm^2$$

अब इसे स्तम्भ की तरह प्रयोग किया जाता है तो निम्न सम्पीड़न बल वहन कर सकता है।

$$P = \frac{\pi^2 EI}{le^2}$$

अब नली का जड़त्व आघूर्ण I

$$I = \frac{\pi}{64}(D^4 - d^4)$$

$$= \pi/_{64}(50^4 - 30^4) = 267.0358 \times 10^3 mm^4$$

∵ एक सिरा स्थिर तथा दूसरा कब्जेदार है।

अतः $le = \frac{5000}{\sqrt{2}} = 3535.5339mm$

$$\therefore P = \frac{\pi^2 x 204.4144 x 10^3 x 267.03538 x 10^3}{(3535.5339)^2} = 86.198kN$$

Q. 2.6 एक आयताकार छड़ 1500 mm लम्बी तथा 30 mm x 15 mm अनुप्रस्थ काट में है जो बहकाव तक अपनी अक्ष पर बहकाव भार वहन करती है। ईलर सूत्र प्रयोग करते हुए 350 N/mm² उत्पाद प्रतिबल (Yield stress) पड़ने पर अधिकतम विक्षेप ज्ञात कीजिए।

$E = 1 \times 10^5$ N/mm² है।

A straight bar of 1500 mm long and 30 mm x 15 mm in section is taken a buckling load axially till it buckles. The ends of the bar are hinged. Use Euler's formula for determine the maximum central deflection before the material attains its yield stress of 350 N/mm². Take $E=1 \times 10^5$ N/mm²

हल – हम जानते है कि उत्पाद प्रतिबल (Yield stress)

= बंकन प्रतिबल + प्रत्यक्ष प्रतिबल

$= f_b + f$

∴ प्रत्यक्ष प्रतिबल

$$f = P/A$$

ईलर सूत्र से, अब $P = \frac{\pi^2 EI}{le^2}$

∴ न्यूनतम I

$$I = \frac{1}{12} \times 30 \times 15^3 \quad I = 8437.5mm^4$$

तथा अनुप्रस्थ काट क्षेत्रफल A,

$A = 30 \times 15 = 450$ mm²

चूंकि दोनों सिरें कब्जेदार है। अतः $le = l = 1500$

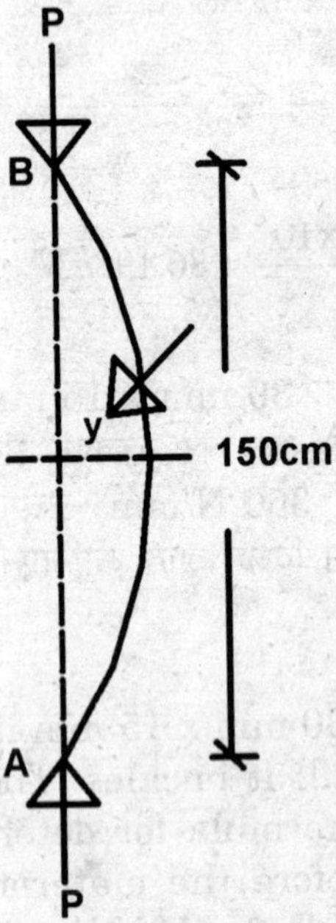

चित्र 2.9

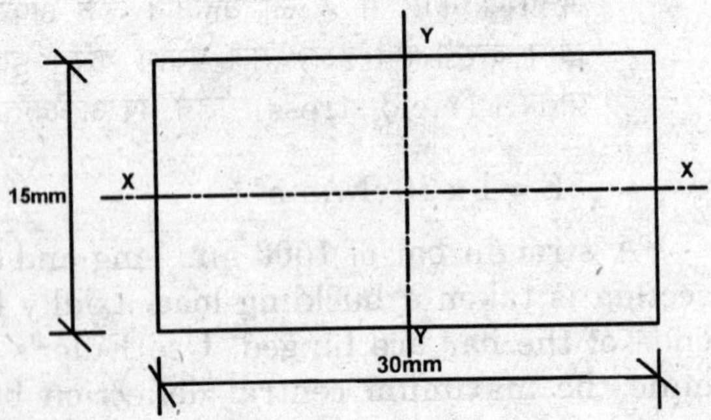

चित्र 2.10

अब $P = \dfrac{\pi^2 \text{x} 1 \text{x} 10^5 \text{x} 8437.5}{(1500)^2} = 3701.1\text{N}$

अतः $f = \dfrac{3701.1}{450} = 8.22 N/mm^2$

माना y = अधिकतम विक्षेप

∴ बंकन आघूर्ण M = P.y.

परन्तु M = (f_b x Z)

अतः f_b x Z = P.y (A)

जहां $Z = I/\tfrac{B}{2}$ अतः $Z = \dfrac{8437.5}{7.5} = 1125 mm^3$

$\because 350 = f_b + f$ $\therefore f_b = 341.78 N/mm^2$

अब f_b, P व z के मान समी. (A) में रखने पर

$$\therefore 341.78 \times 1125 = 3701.1 \times y$$

$$\therefore y = 103.888 mm = 103.89 mm$$ *Ans.*

Q 2.7. एक I खंड जिसकी सम्पूर्ण गहराई 500 mm फ्लेंजों की चौड़ाई 300 mm हैं तथा फ्लेंजों व वेब की मोटाई क्रमशः 50 mm व 30 mm है। I खंड की लम्बाई 4000 mm हैं। यदि इस I खंड को स्तम्भ की तरह प्रयुक्त किया जाये तो स्तम्भ को सुरक्षित भार वहन क्षमता ज्ञात किया जाये जबकि स्तम्भ का एक सिरा स्थिर व दूसरा सिरा स्वतंत्र है। ईलर सूत्र का प्रयोग कीजिए।

सुरक्षा कारक 3 व $E = 2 \times 10^5$ N/mm^2 मानिये।

(A I – Section has an overall depth 500 mm, width of flanges 300 mm and thickness of flanges 50 mm and web thickness 30 mm. The length of I-section is 4000 mm. Find the safe load if this I-section is used as a column with one end fixed and other is free. Use Euler's formula. Assume a factor of safety 3 and take $E = 2 \times 10^5$ N/mm^2)

हल – चित्र 2-11 में I-खंड दर्शाया गया है –

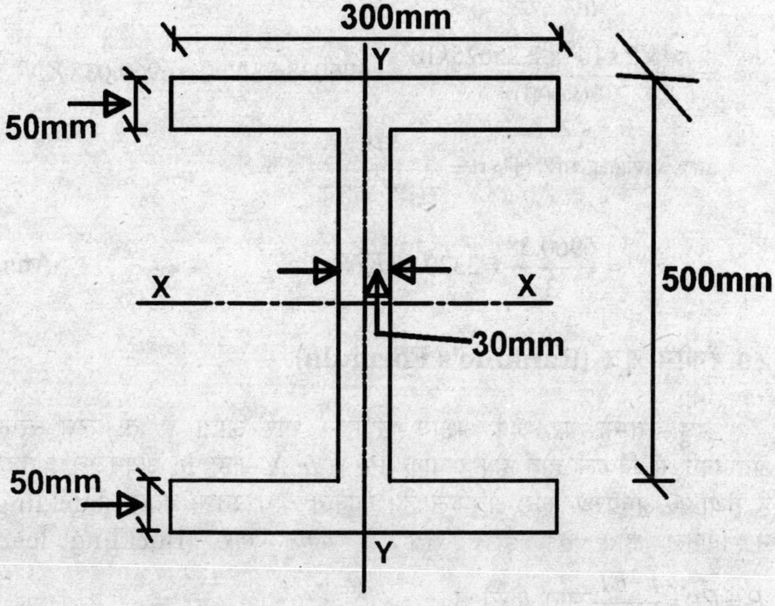

चित्र 2.11

जड़त्व आघूर्ण, I

$$Ix = 2\times\frac{1}{12}\times300\times50^3 + (300\times50\times225^2) + \frac{1}{12}(30\times400^3)$$

$$= 9.25625\times10^8 mm^4$$

$$Iy = 2\times\frac{1}{12}\times300^3\times50 + \frac{1}{12}\times30^3\times400 = 2.25675\times10^8 mm^4$$

$\therefore$ जड़त्व आघूर्ण I = Ix or Iy जो भी न्यूनतम होगा।

अतः $I = Iy = 2.25675\times10^8 mm^4$

$\therefore$ एक सिरा आबद्ध या स्थिर है तथा दूसरा सिरा स्वतंत्र है।

अतः le = 2l

$$le = 2 \text{ x } 4000 = 8000mm$$

अब, ईलर सूत्र से बहकाव बल, P

$$P = \frac{\pi^2 EI}{le^2}$$

$$= \frac{\pi^2 \text{ x } 2 \text{ x } 10^5 \text{ x } 2.25675\text{x}10^8}{(8000)^2} = 6960384.3N \quad = 6960.038 KN$$

अतः सुरक्षित भार (Ps) $= \frac{P}{\text{सुरक्षा कारक}}$

$$= \frac{6960.38}{3} = 2320.13 KN$$ Ans.

2.9 रेंकीन सूत्र (Rankine's Formula)

लघु स्तम्भों पर जब अक्षीय संपीड़न भार आता है तो लघु स्तम्भ अवभंजन में विफल होते है। जबकि Pc = fc.A जहां fc अवभंजन प्रतिबल हैं तथा A अनुप्रस्थ काट क्षेत्रफल हैं। लेकिन दीर्घ स्तम्भ बंकन (buckling) में विफल होते है। ईलर सूत्र से बंकन भार (Buckling load) $P = P_E = \frac{\pi^2 EI}{le^2}$ ज्ञात करते है।

लेकिन वास्तविकता में बहुत सी स्थितियों में स्तम्भ तथा थाम ऐसे होते है जो न तो लघु स्तम्भ होते न ही दीर्घ स्तम्भ है। अर्थात $(i.e.\ l/k = 32\ to\ 120)$ इनका तनुता अनुपात 32 से 120 के मध्य होता है। ऐसे स्तम्भ तथा थाम प्रत्यक्ष तथा बहकाव प्रतिबल के संयुक्त प्रभाव से विफल होते है।

इन स्तम्भों तथा थामों के लिए रेकींन ने एक सूत्र दिया। इस सूत्र के सिद्वान्तानुसार,

$$\frac{1}{P_R} = \frac{1}{P_c} + \frac{1}{P_E} \tag{2.19}$$

जहां P_R = रेंकीन बंकन या बहकाव भार

$P_C = f_c A$ = अवभंजन भार

P_E = ईलर सूत्र के अनुसार बंकन भार = ईलेरियन भार = $\frac{\pi^2 EI}{le^2}$

समीकरण (2-19) में, $\frac{1}{P_c}$ किसी पदार्थ के लिए नियत होता है। लघु स्तम्भों के लिए P_E अत्यधिक होता है। अतः $1/P_E, \frac{1}{P_c}$ की अपेक्षा कम होता है। इस प्रकार रेंकीन भार P_R, P_c के लगभग बराबर होता है।

दीर्घ स्तम्भों के लिए, P_E कम होता है। अतः $1/P_E, \frac{1}{P_c}$ की तुलना में अधिक होता है। इस प्रकार, दीर्घ स्तम्भों के लिए रेंकीन भार (P_R), P_E के समान होता है।

अतः रेंकीन सिद्धान्त से –

$$\frac{1}{P_R} = \frac{1}{P_c} + \frac{1}{P_E} \quad \text{या} \quad \frac{1}{P_R} = \frac{P_c + P_E}{P_c P_E} \quad \Rightarrow \quad P_R = \frac{P_c . P_E}{P_c + P_E}$$

$$\text{या} \quad P_R = \frac{P_c}{1 + \frac{P_c}{P_E}} = \frac{f_c . A}{\left(1 + \frac{f_c A}{\frac{\pi^2 EI}{l_e^2}}\right)}$$

I (न्यूनतम) = का AK² मान ऊपर दी गई समी. में रखने पर

जहां K = न्यूनतम जड़ताघूर्ण त्रिज्या है।

$$P_R = \frac{fc.A}{1+\frac{fcAl^2e}{\pi^2 EAk^2}} \quad \text{या} \quad PR = \frac{fc.A}{1+\frac{fc}{\pi^2 E}\left(\frac{le}{K}\right)^2}$$

$$\text{या } P_R = \frac{fc.A}{1+a\left(le/K\right)^2} \tag{2.2}$$

अतः $a = \frac{fc}{\pi^2 E}$ = रेंकीन स्थिरांक (Rankine's constant) तथा le = स्तम्भ या थाम की प्रभावी लम्बाई

किसी भी दिये हुए स्तम्भ के लिए राशि $a = \frac{fc}{\pi^2 E}$ नियत होती है। अतः fc व a दोनों स्तम्भ के किसी पद्वार्थ के लिए नियत होते है।

निम्न सारणी में स्तम्भों के विभिन्न पद्वार्थों के fc व a के मान दिये गये है–

सारणी (2.3)

पदार्थ	$fc\,(N/mm^2)$	$a = fc/\pi^2 E$
Wrought Iron (पिटा लोहा)	250	1/9000
Cast Iron (ढ़ला लोहा)	550	1/1600
Mild Steel (साधारण इस्पात)	320	1/7500
Timber (लकड़ी)	50	1/750

Q. 2.8 एक खोखले ढले हुए लोहे के स्तम्भ का बाहरी व्यास 100 mm तथा आन्तरिक व्यास 80 mm है। यह स्तम्भ 2500 mm लम्बा है। रेन्कीन सूत्र द्वारा सुरक्षित भार ज्ञात कीजिए। यदि दोनों सिरे स्थिर है। तथा $a = \frac{1}{1600}$, तथा $fc = 530\,N/mm^2$, $E = 1\text{x}10^5\,N/mm^2$ सुरक्षा कारक = 3

(A hollow C.I. Column whose outside diameter is 100mm and inside diameter is 80 mm. It is 2500 mm long is fixed at both hands. Calculate safe Rankine's load using factor of safety of 3 and $a = \frac{1}{1600}$ take $fc = 530 N/mm^2$ $E = 1 \times 10^5 N/mm^2$)

हल – स्तम्भ का अनुप्रस्थ काट क्षेत्रफल,

$$A = \frac{\pi}{4}(100^2 - 80^2) = 2827.43 mm^2$$

जड़त्व आघूर्ण, $I = \frac{\pi}{64}(100^4 - 80^4) = 2.898 \times 10^6 mm^4$

जड़त्व घूर्ण त्रिज्या, $K^2 = I/A$

अतः $K = \sqrt{I/A} = \sqrt{\frac{2898 \times 10^6}{2827.43}} = 32.0 mm$

अब, प्रभावी लम्बाई $= le = l/2 = 1250 mm$ ($\because$ दोनों सिरे स्थिर है।)

अतः तनुता अनुपात, $\frac{le}{K} = \frac{1250}{32.0} = 39.0625$

$\therefore$ रेंकीन सूत्र से, $p_R = \frac{fc.A}{1 + a\left(le/K\right)^2}$

ढलवे लोहे (Cast Iron) के लिए, $a = \frac{1}{1600}$ & $fc = 550 N/mm^2$

$$\therefore P_R = \frac{550 \times 2827.43}{1 + \frac{1}{1600} \times \left(\frac{1250}{32.00}\right)^2} 795980.42 N = 795.98 KN$$

अतः $P_R(Safe) = \frac{P_R}{\text{factor of safety}} = \frac{795.98}{3} = 265.32 KN$ Ans.

Q. 2.9 एक खोखले ढलवे लोहे के बेलनाकार स्तम्भ जिसकी लम्बाई 5m तथा दोनों सिरे स्थिर हो, का अनुप्रस्थ काट ज्ञात कीजिए। इस

स्तम्भ पर 500 KN का अक्षीय भार आता है। आंतरिक व्यास व बाहरी व्यास का अनुपात 2 : 3 है। सुरक्षा कारक 5 है $fc = 550 N/mm^2$ तथा रैंकीन स्थिरांक $a = \frac{1}{1600}$ मानिए।

(Determine the section of a cost iron hollow crylindrical column 5m long with both ends are fixed, if it is carries an axial load of 500 KN. The ratio of internal to external diameter is 2 : 3. Use a factor of safety 5. Take fc = 530 N/mm² and Rankine's, constant $a = \frac{1}{1600}$

हल – प्रभावी लम्बाई, $le = \frac{l}{2}$ ($\because$ दोनो सिरे स्थिर है।)

$$\therefore le = \frac{5000}{2} = 2500 mm$$

माना बाहरी व्यास = D तथा आंतरिक व्यास = $d = \frac{2}{3}D$

$$\therefore \text{ अनुप्रस्थ काट क्षेत्रफल, } A = \frac{\pi}{4}\left(D^2 - \left(\frac{2}{3}D\right)^2\right) = 0.349D^2$$

$$\text{जड़त्व आघूर्ण, } I = \frac{\pi}{64}(D^4 - d^4) = \frac{\pi}{64}\left(D^4 - \left(\frac{2}{3}D\right)^4\right) = 0.03939D^4$$

$$\text{जड़ता घूर्ण त्रिज्या } \quad K^2 = \frac{I}{A} = \frac{\frac{\pi}{64}(D^4 - d^4)}{\frac{\pi}{4}(D^2 - d^2)} = \frac{1}{16}(D^2 + d^2)$$

$$\therefore K^2 = \frac{D^2 + \left(\frac{2}{3}D\right)^2}{16} = 0.090277D^2$$

$\because$ सुरक्षा कारक 5 है अतः रैंकीन या बहकाव भार

$P_R = 500 \times 5 = 2500 KN$ अब $P_R = \dfrac{fc.A}{1 + a\left(\frac{le}{K}\right)^2}$

$$\therefore 2500\times10^3=\frac{550\text{x}0.349D^2}{\left(1+\frac{1}{1600}\text{x}\frac{(2500)^2}{0.090277D^2}\right)}$$

या $D^4-13024.225D^2-5.6354822\times10^8=0$

$$191.95D^4=2500\times10^3D^2\,1.0817308\times10^{11}=0$$

हल करने पर $D=176.43mm\,\&\,d=117.62mm$ Ans.

Q. 2.10 चित्र (2-12) में दर्शाये अनुसार, एक साधारण इस्पात का स्तम्भ 300 mm गहरे व 150 mm चौड़ाई के I - खंड से बनाया जाता है जिसके प्रत्येक फ्लैंज पर 150 mm x 12 mm की प्लेट लगाई गई है। यह स्तम्भ 5.6 m लम्बा तथा इसका एक सिरा स्थिर व दूसरा कब्जेदार है। स्तम्भ द्वारा वह किया जा सकने वाला सुरक्षित अक्षीय भार ज्ञात कीजिए यदि सुरक्षा कारक 4 है। रेंकीन सूत्र का उपयोग कीजिए।

fc = 320 N/mm^2 व रेंकीन स्थिरांक $a=\frac{1}{7500}$ मानिये।

(Fig. (2.12) Show A mild steel stachion is built up of 300 mm deep and 150 mm wide. I-section with one 150 mm x 12mm plate riveted to each flange. It is 5.6m long with one end fixed & other end is hinged. Calculate the safe axial load the column can carry if the factor of safety is 4, adopt rankine formula. Given $fc=320N/mm^2\,\&\,a=1/7500$)

हल – चित्र 2.12 में स्तम्भ का अनुप्रस्थ काट दिखाया गया है

कुल क्षेत्रफल = (150 x 24) x 2 + 276 x 12

= 10512 mm^2

यह स्पष्ट है कि I_{yy}, I_{xx} से कम होगा, अतः

$$Iyy = 2\left(\frac{1}{12}\text{ x }150^3\text{ x }24\right)+\frac{1}{12}\text{ x }276\text{ x }12^3$$

= 13.537744 x 10^6 mm^4

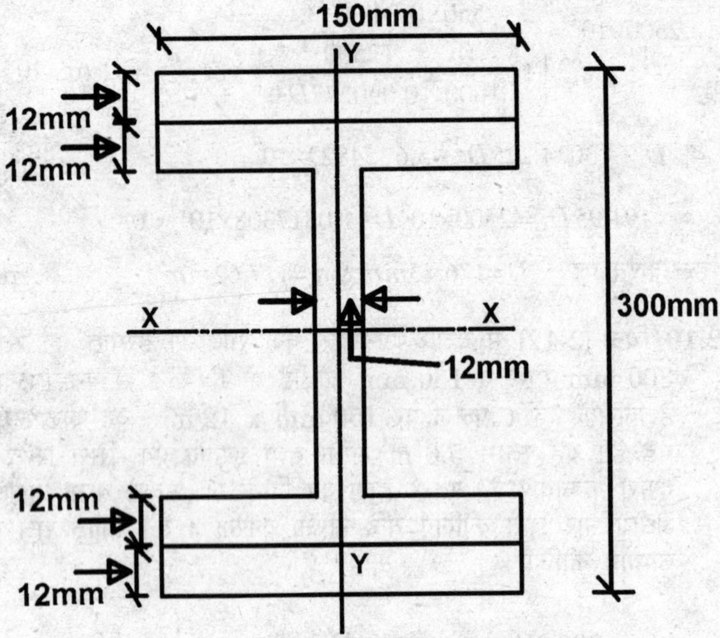

चित्र 2.12.

जड़त्व घूर्ण त्रिज्या, $K = \sqrt{I/A} = \sqrt{\dfrac{13.5377 \times 10^6}{10512}}$

$$= 35.889 \approx 35.90 \text{ mm}$$

प्रभावी लम्बाई, $l_e = l/\sqrt{2} = \dfrac{5.6 \times 1000}{\sqrt{2}}$

$$= 3959.8 \text{ mm}$$

$$\therefore \frac{le}{K} = \frac{3957.8}{35.9} = 110.3$$

अब रेकीन सूत्र से

$$P_R = \frac{fcA}{1 + a\left(le/K\right)^2} = \frac{320 \times 10512}{1 + 1/7500 \times (110.3)^2}$$

$$= 1282858 \text{ N} = 1282.86 \text{ KN}$$

तो सुरक्षित भार = $\dfrac{P_R}{\text{सुरक्षा कारक}}$

$$= \frac{1282.86}{4} = 320.71KN \qquad \text{Ans.}$$

Q 2.11 एक खोखले बेलनाकार स्तम्भ जिसका बाहरी व्यास 150 mm तथा मोटाई 25 mm है। यह स्तम्भ 6 m लम्बा है तथा इसका एक सिरा स्थिर व दूसरा कब्जेदार है। E = 80KN/mm^2 मानिये। ईलर विकलांग भार की रेकीन सूत्र से ज्ञात विकलांग भार से तुलना कीजिए। यदि fc = 550 N/mm^2 तथा रेंकीन स्थिरांक a= 1/1600

(Find Eular's crippling load of hollow cylindrical cast iron column 150 mm external diameter and 25 mm thick it is 6 m long and one end is fixed and other is hinged. Take E = 80 KN/mm^2. Compare this load with the crippling load given by Rankine's formula using constants fc = 550N/mm^2 and a = 1/1600)

हल = स्तम्भ का बाहरी व्यास = 150 mm

स्तम्भ का आंतरिक व्यास = (150 – 2 x 25) = 100 mm

∴ स्तम्भ का अनुप्रस्थ काट क्षेत्रफल की

$$A = \pi/_4(150^2 - 100^2) = 9817.47mm^2$$

जड़त्व आघूर्ण, $I = \dfrac{\pi}{64}(150^4 - 100^4)$

$$= 19.94175 \times 10^6 \text{ mm}^4$$

प्रभावी लम्बाई, $le = l/\sqrt{2}$ (∵एक सिर स्थिर व दूसरा कब्जेदार है)

$$\therefore le = \frac{6000}{\sqrt{2}} = 4242.64mm$$

ईलर सूत्र से $\therefore P_E = \dfrac{\pi^2 EI}{l_e^{\,2}} = \dfrac{\pi^2 \times 80 \times 10^3 \times 79.94 \times 10^6}{(4242.64)^2}$

P_E = 874743.33 N ≈874.74 KN Ans.

अब रेंकीन सूत्र के लिए $K = \sqrt{I/A} = \sqrt{\frac{19941750}{9817.47}}$

$$= 45.07 \text{ mm}$$

अतः तनुता अनुपात

$$Le/K = \frac{4242.64}{45.07} = 74.1357$$

$\therefore$ रेंकीन सूत्र से $PR = \frac{fc.A}{1+a\left(le/K\right)^2}$

$$\therefore PR = \frac{550 \times 7817.47}{1+1/1600 \times (74.1357)^2} = 825.82KN$$

$$\therefore \frac{P_E}{P_R} = 1.059 \qquad \text{(उत्तर)}$$

अतः ईलर सूत्र से रेंकीन सूत्र की अपेक्षा भार अधिक आता है।

प्रश्न माला

Q. 2.1 एक खोखले गोल इस्पात स्तम्भ तथा ठोस गोल इस्पात स्तम्भ की सामर्थ्य का अनुपात ज्ञात कीजिए जिनके अनुप्रस्थ काट क्षेत्रफल समान है। खोखलें स्तम्भ का आंतरिक व्यास बाहरी व्यास का $3/4$ गुना है। स्तम्भों की लम्बाईयां तथा सिरों की स्थितियां समान है। ईलर सूत्र का उपयोग कीजिए।

(Compare the ratio of the strength of hollow steel column to that of solid steel column of the same cross – sectional area. The internal diameter of the hollow column is $3/4$ of the external diameter. The columns have equal length and end conditions. Use Euler's theory.)

$$\left(Ans. - \frac{PH}{PS} = 3.57\right)$$

Q. 2.2 एक ठोस गोल छड़ जिसका व्यास 100 mm तथा छड़ की लम्बाई 3 m है को थाम की तरह प्रयुक्त किया गया है। थाम के लिए सुरक्षित विकलांग भार ज्ञात कीजिए। ईलर सूत्र का प्रयोग कीजिए। यदि (a) दोनों सिरे स्थिर हो, (b) दोनों सिरे कब्जेदार हो (c) एक सिरा स्थिर व दूसरा कब्जेदार हो तथा (d) एक सिरा स्थिर व दूसरा सिरा स्वतंत्र हो। $E = 2 \times 10^5 N/mm^2$ तथा सुरक्षा कारक 3 मानिये।

(A solid round bar of 100mm diameter and 3m long is used as a strut using Euler's formula if (a) both ends fixed, (b) both ends hinged, (c) one end fixed and other is hinged and (d) one end fixed and other is free. Take E = 2 x 10^5N/mm^2 and factor of safety = 3.)

Ans. (a) Fs = 4306.4KN, (b) 1076KN, (c) 2153.2KN, (d) 269.15KN.

Q. 2.3 एक ढ़लवे लोहे के खोखले बेलनाकार स्तम्भ का अनुप्रस्थ काट ज्ञात कीजिए जो 6m लम्बा है। तथा जिसके दोनों सिरे स्थिर है। स्तम्भ 400 KN का अक्षीय भार वहन करता है। आंतरिक तथा बाहरी व्यास का अनुपात 5/8 है। सुरक्षाकारक 8 लिजिए। $fc = 550$ N/mm^2 तथा रेंकीन स्थिरांक a = 1/1600 मानिए। (Determine the section of a cast iron hollow cylindrical column 6m long with both ends is fixed. If it carries an axial load of 400KN. The ratio of internal to external diameter is 5/8. Use a factor of safety 8. Take fc = 550N/mm^2 and Rankine`s constant a = 1/1600.)

$$\left(\text{Ans. External diameter} = 186.5\text{ mm}\right)$$

$$\left(\text{internal diameter} = \left(\tfrac{5}{8}\right) \text{x}\ 186.5 = 116.56\text{ mm}\right)$$

Q: 2.4 एक गोल छड़ 6 m लम्बी है इसे स्तम्भ की तरह प्रयुक्त करने पर इसकी भार बहन क्षमता ज्ञात कीजिए यदि दोनो सिरे कब्जेदार हो। यदि छड़ एक शुद्ध आलम्बित धरन की तरह प्रयुक्त होती है तो 80 N के केन्द्रीय भार के कारण 11 mm का विक्षेप छड़ के मध्य में होता है।

(Calculate the critical load of a column which is made of a bar circular in section, 6 m long and which is pin jointed at both ends. The same bar when used as simply supported beam gives mid span deflection of 11 mm with a load of 80 N at the centre.)

$$\text{(Hint } y = \frac{Wl^3}{48EI} \quad 11 = \frac{80 \times 6000^3}{48.EI}$$

$$\therefore EI = 3.2727273 \times 10^{10} \quad \therefore P = \frac{\pi^2 EI}{le^2}$$

$$le = l = 6000 = \frac{\pi^2 \times 32727 \times 10^{10}}{(6000)^2} = 8.792KN$$ Ans.

Q. 2.5 30 cm x 15 cm अनुप्रस्थ काट की लकड़ी का लट्ठा दोनों सिरों पर स्थिर वाले स्तम्भ के रूप में प्रयुक्त किया गया है। यदि स्तम्भ की लम्बाई 4 m हो तो रेंकीन सूत्र से सुरक्षित विकलांग भार ज्ञात कीजिए। सुरक्षा कारक 4 है। $fc = 50N/mm^2$ तथा रेंकीन स्थिरांक $a = {}^1\!/_{750}$ मानिये।

(If a timber log of cross-section 30 cm x 15cm is used as a column with both ends fixed. The length of column is 4m, then determine safe crippling load by Rankine's formula. Take $fc = 50N/mm^2$, Rankine's constant = 1/750, factor safety 4.)

Ans. $Fs = 146.313KN$

Q. 2.6 एक स्तम्भ के लिए ISHB 350 काम में लिया गया है। यदि स्तम्भ की प्रभावी लम्बाई 4m हो तो रेंकीन सूत्र से विकलांग भार ज्ञात कीजिए। $fc = 320N/mm^2$ तथा रेंकीन स्थिरांक a = 1/7500 मानिये

ISHB 350 के विशेष गुण – क्षेत्रफल, A = 85.91 cm^2

जड़त्व आघूर्ण, Ixx = 19159.7cm^4 Iyy = 2451.4 cm^4

(ISHB 350 is used as a column. If effective length of the column is 4 m then find out crippling load from

Rankine`s formula. Take $fc = 320N/mm^2$ and a = 1/7500.

Properties of ISHB350 : Area, A = 85.91 cm^2,

Moment of Inertia, Ixx = 19159.7cm^4

Iyy = 2451.4 cm^4

(**Ans.** P_R = 1573.05 KN)

Q. 2.7 एक चैनल खण्ड को स्तम्भ की तरह प्रयुक्त किया गया है। जिसके दोनो सिरे स्थिर है। स्तम्भ की लम्बाई 4 m है। रेंकीन सूत्र से सुरक्षित विकलांग या बहकभार ज्ञात के लिए यदि fc = 320N/ mm^2 रेंकीन स्थिरांक $a = \frac{1}{7500}$ तथा सुरक्षा कारक 3 हो।

(A channel section of ISMC 250 used as a column with both ends fixed the length of the column is 4m. Find out safe crippling load by Rankine formula. Given $fc = 320N/mm^2$ Rankine's constant, $a = \frac{1}{7500}$ & factor of safety = 3)

Properties of ISMC 250

Ixx = 3816.8 Cm^4; Iyy = 219.1 Cm^4

A = 38.67 Cm^2

(**Ans**. $P_{A\,(Safe)}$ = 212.47 KN)

अध्याय – 3

मरोड़ व ऐंठन (Torsion)

3.1. भूमिका

जब किसी अवयव की अक्ष पर आघूर्ण कार्यरत होता है तो यह अवयव मरोड़ में कहलाता है तथा इस आघूर्ण को मरोड़ घूर्ण कहते है। शक्ति संचारण के दौरान धुरे पर मरोड़ घूर्ण (Twisting moment) कार्यरत होता है जो कि धुरे के सिरों पर आरोपित बल तथा धुरे की त्रिज्या के गुणन के बराबर होता है। चित्र (3-1) मरोड़ घूर्ण को T से प्रदर्शित करते है।

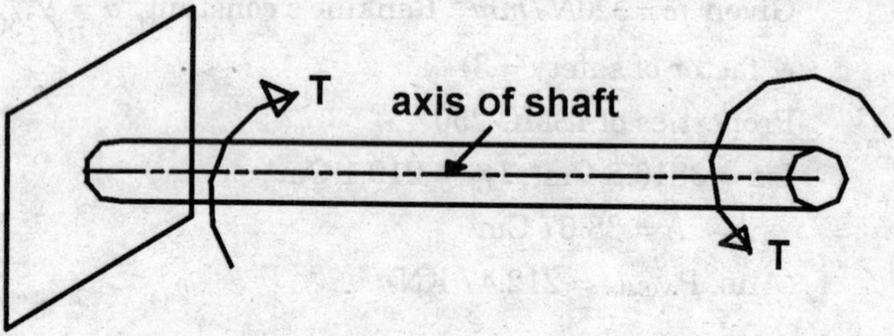

चित्र 3.1

किसी धुरे पर मरोड़ घूर्ण के कारण धुरे के एक सिरे के अनुप्रस्थ काट में दूसरे सिरे के सापेक्ष कोणीय विस्थापन होता है तथा धुरे में मरोड़ प्रतिबल (Torsional shear stress) तथा मरोड़ विकृति (Torsional shear strain) उत्पन्न हो जाते है।

3.2. मरोड़ समीकरण (Torsion Equation)

कोई अवयव या धुरा (Shaft) शुद्ध मरोड़ (Pure torsion) में कहा जाता है यदि इसके अनुप्रस्थ काट में केवल मरोड़ घूर्ण (torsional moment) आरोपित हो तथा अक्षीय बल व बंकन घूर्ण आरोपित न हो।

चित्र 3.2 में दर्शायेनुसार माना कि एक ठोस गोल धुरा AB जिसकी त्रिज्या R तथा लम्बाई L है, एक सिरे A पर आबद्ध (fixed) किया गया है तथा दूसरे सिरें B पर एक मरोड़ घूर्ण (T) कार्य कर रहा है। B पर लगाये गये घूर्ण को संतुलित करने के लिये आबद्ध सिरे A पर अपने आप विरूद्व प्रकृति का तथा समान परिमाण का एक घूर्ण उत्पन्न हो जाता है।

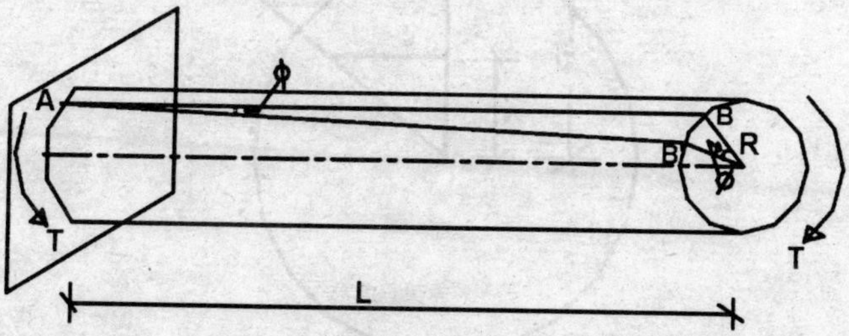

चित्र 3.2

मरोड़ घूर्ण के कारण धुरे की ऊपरी सतह पर रेखा AB, AB' में विरूपित (distorted) हो जाती है। धुरे की सतह पर यह विरूपण ϕ है तथा अनुप्रस्थ काट में घुमाव θ है।

अपरूपण विकृति को विरूपण कोण ϕ से प्रदर्शित करते है। अतः चित्रानुसार, चूंकि ϕ कोण अत्यन्त छोटा है।

$$\therefore \text{ अपरूपण विकृति, } \phi = \frac{BB'}{AB} = \frac{BB'}{L}$$

हुक के नियम से अपरूपण विकृति $\phi = {}^{q}\!/_{G}$

q = धुरे की बाहरी सतह पर अपरूपण प्रतिबल (shear stress)

तथा G = धूरे के पदार्थ का दृढ़ता गुणांक (modulus of rigidity)

या $\therefore \dfrac{BB'}{L} = {}^{q}\!/_{G}$ या $\dfrac{R.\theta}{L} = {}^{q}\!/_{G}$ $\quad (\because BB' = R\theta)$

या $$\frac{q}{R} = \frac{G\theta}{L} \qquad (3.1)$$

समीकरण 3.1 में G, θ तथा L दिये हुए धुरे के लिए नियत (constant) होते है। अतः मरोड़ के कारण अपरूपण प्रतिबल त्रिज्या के समानुपाती होता है।

अतः समीकरण 3.1 से हम इस निष्कर्ष पर पहुंचते है कि धुरे की अक्ष पर प्रतिबल शून्य होता है तथा बाहरी सतह पर अधिकतम प्रतिबल होता है। चित्र (3-3) में अपरूपण प्रतिबल का वितरण दर्शाया गया है।

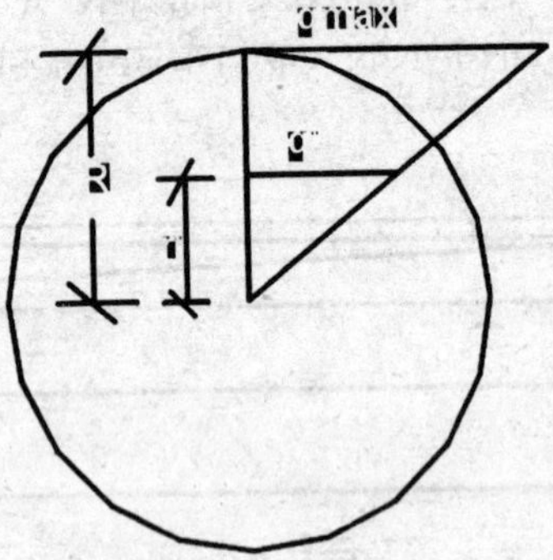

चित्र 3.3

3.3. प्रतिरोधक घूर्ण (Moment of resistance)

चित्र 3.4 में दर्शाये अनुसार धुरे में dr मोटाई की वलय की त्रिज्या r है।

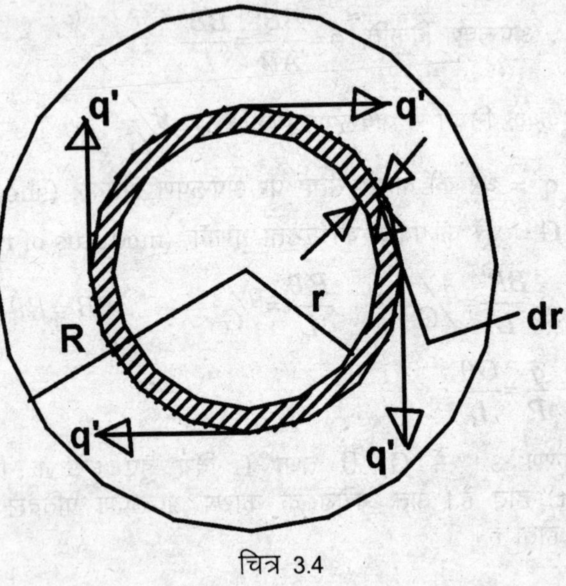

चित्र 3.4

माना q' = r त्रिज्या की वलय पर अपरूपण प्रतिबल

अतः अपरूपण के विरूद्ध वलय का प्रतिरोधक बल

$= q' \times$ वलय का क्षेत्रफल $= q' \times 2\pi r.dr$

वलय पर बल का प्रतिरोधक आघूर्ण

= प्रतिरोधक बल x r

$= q' \times 2\pi r^2.dr$

$\therefore$ कुल प्रतिरोध आघूर्ण निम्न होगा $= \int_O^R q' \times 2\pi r^2 dr$

लेकिन हम मानते है कि कुल प्रतिरोध आघूर्ण धुरे पर लगाये गये मरोड़ घूर्ण T के बराबर होता है। अतः

$$T = \int_O^R q' \times 2\pi r^2 dr$$

अब चूंकि $\frac{q'}{r} = \frac{q}{R}$ अतः $q' = \frac{q}{R} \times r$

$$\therefore T = \int_O^R \left(q/R \right) \times 2\pi r^3 dr \qquad T = q/R \times 2\pi \int_O^R r^3 dr$$

$$= q/R \times 2\pi \left(\frac{r^4}{4} \right)_o^R = \frac{q}{R} \times (2\pi) \ \frac{R^4}{4} \qquad T = q/R \times \frac{\pi R^4}{2}$$

लेकिन $\frac{\pi R^4}{2}$ खंड का ध्रुवीय जड़ता घूर्ण (J) (Polar moment of jnestia) होता है।

अतः $$T = q/R \times J \qquad \therefore \frac{T}{J} = q/R \tag{3.2}$$

परन्तु हम जानते है कि $q/R = \frac{G\theta}{L}$ (3.1) समीकरण से

अतः $$\frac{q}{R} = \frac{G\theta}{L} = \frac{T}{J} \tag{3.3}$$

समीकरण (3.3) मरोड़ समीकरण कहलाती है।

इस समीकरण में प्रचलित राशियों की इकाइयां निम्न है –

T = मरोड़ घूर्ण (N-mm or N-m or KN-m) में

J = ध्रुवीय जड़ता घूर्ण (mm^4 or cm^4 or m^4) में

q = अपरूपण प्रतिबल (N/mm^2 or N/m^2 or KN/m^2) में

R = त्रिज्या (mm or cm or m) में

G = दृढ़ता गुणांक (N)/ mm^2 or KN/m^2 आदि में)

Q = मरोड़ कोण (रेडियन में)

L = धुरे की लम्बाई (mm or cm or m) में

3.4. मरोड़ समीकरण की परिकल्पनायें (Assumptions in torsion equation)

समीकरण 3.3 में दी गई मरोड़ समीकरण निम्न परिकल्पनाओं पर आधारित है –

1 धुरे का अनुप्रस्थ काट जो मरोड़ घूर्ण से पहले एक समतल होता है मरोड़ घूर्ण के बाद भी समतल ही रहता है।

2 पदार्थ जिसका धुरा बना है, हुक के नियम का पालन करता है।

3 धुरे की पूरी लम्बाई पर मरोड़ नियत होता है।

4 शुद्ध मरोड़ घूर्ण धुरे के अक्ष के लम्बवत तल में आरोपित होता है।

5 मरोड़ घूर्ण के कारण उत्पन्न अधिकतम अपरूपण प्रतिबल प्रत्यास्थता सीमा से अधिक नहीं होना चाहिए।

3.5. खोखले गोलाकार धुरे के लिए प्रतिरोधक घूर्ण (Moment of resistance for hollow circular shafts)

चित्र (3.5) में एक खोखले गोलाकार धुरे का अनुप्रस्थ काट दर्शाया गया है।

माना R = बाहरी त्रिज्या

r = आंतरिक त्रिज्या

q = त्रिज्या R पर अपरूपण प्रतिबल

r' त्रिज्या पर dr' मोटाई की वलय मानिये जो चित्र 3.5 में दर्शायी है–

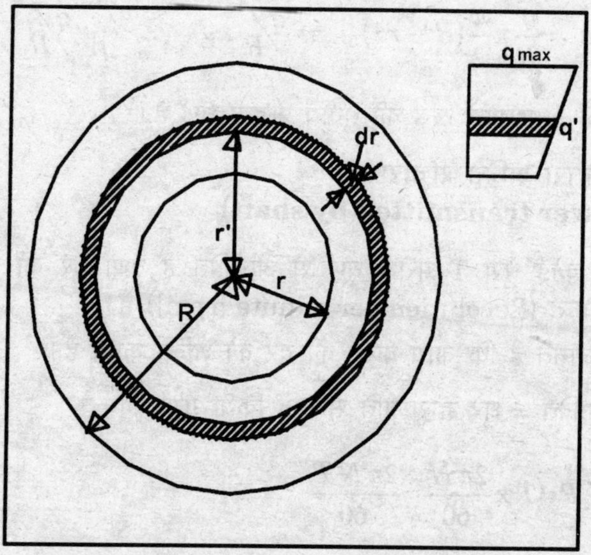

चित्र 3.5

वलय का अपरूपण के विरूद्ध प्रतिरोधक बल

$= q' \times$ वलय का क्षेत्रफल

$= q' \times 2\pi r' \times dr'$

वलय का अपरूपण के विरूद्ध प्रतिरोधक आघूर्ण

$= q' \times 2\pi r'^2 dr'$

$\therefore$ सम्पूर्ण खोखले धुरे का प्रतिरोध आघूर्ण $= \int_r^R q' 2\pi r'^2 dr'$

लेकिन कुल प्रतिरोध आघूर्ण = मरोड़ घूर्ण (T)

अतः $T = \int_r^R q' 2\pi r'^2 dr'$

परन्तु हम जानते है कि $\frac{q'}{r'} = \frac{q}{R}$

$$\therefore T = \int_r^R \frac{q}{R} \times 2\pi r'^3 dr' \qquad T = q/R \quad 2\pi \times \left(\frac{r'^4}{4}\right)_r^R$$

$$= \frac{q}{R} \times \frac{\pi}{2}(R^4 - r^4) \quad = \quad q/_R \times J \quad \therefore \quad \frac{T}{J} = q/_R$$

यहां J = खोखले खंड की ध्रुवीय जड़ता घूर्ण है।

3.6. धुरे द्वारा शक्ति संचारण (Power transmitted by shaft)

माना कोई धुरा T मरोड़ घूर्ण से आरोपित है तथा धुरे का घुमाव N चक्कर/मिनट (Revolution per minute [rpm]) है।

हम जानते है कि कार्य करने की दर को शक्ति कहते है।

∴ शक्ति = धुरे द्वारा प्रति सैकण्ड किया गया कार्य

$$P = T \times \frac{2\pi N}{60} = \frac{2\pi NT}{60} \qquad (3.4)$$

यदि T की ईकाई N-m हो तो शक्ति की ईकाई N-m/s अर्थात वाट (Watt) होगी। शक्ति की पुरानी ईकाई अश्व शक्ति है।

1 अश्व शक्ति = 0.736 KW

= 0.736×10^3 Watts

= 0.736×10^6 N-mm/s

3.7. मरोड़ दृढ़ता (Torsional rigidity)

किसी धुरे की मरोड़ दृढ़ता वह मरोड़ घूर्ण है जो धुरे की दी गई ईकाई लम्बाई में ईकाई कोण का मरोड़ उत्पन्न कर सके। समी. (3.3) से –

$$\frac{T}{J} = \frac{G\theta}{L} \qquad T/_\theta = \frac{GJ}{L} \qquad (3.4)$$

समीकरण (3.4) से – θ = 1 इकाई; L = 1 इकाई

∴ मरोड़ दृढ़ता, T = GJ

अतः व्यवहारिक रूप में समीकरण (3.4) में पद GJ को मरोड़ दृढ़ता कहते है।

Q 3.1. एक ठोस धुरा 7.5 m लम्बा तथा 75 mm व्यास का है जो 150 चक्कर/मिनट घुमाव द्वारा 100.0 KW शक्ति का संचारण करता

है। धुरे में उत्पन्न मरोड़ कोण तथा अधिकतम अपरूपण प्रतिबल तीव्रता ज्ञात कीजिए। G = 82 kN/mm^2 मानिये।

(Calculate the maximum intensity of shear stress induced and the angle of twist produced in degrees in solid shaft of 75 mm diameter, 7.5 m long, power transmitting 100KW at 150 rpm). Take G = 82 kN/mm^2.

हल – दिया है L = 7.5 m = 7500 mm

d = 75 mm N = 150

P = 100 KW = 100 x 10^3 W = 100 x 10^{3}N-m/s

= 100 x 10^6 N-mm/s

तथा G = 82 kN/mm^2 = 82 x 10^3 N/mm^2

$$\therefore J = \frac{\pi}{32}(d^4) = \frac{\pi}{32}(75)^4 = 3.1063111 \text{x} 10^6 mm^4$$

अब, शक्ति संचारण से मरोड़ घूर्ण, T

$$P = \frac{2\pi NT}{60} \quad \therefore T = \frac{P \text{x} 60}{2\pi N} = \frac{100 \text{x} 10^6 \text{x} 60}{2\pi \text{x} 150} = 6.36 \text{x} 10^6 N - mm$$

अब, मरोड़ समीकरण का उपयोग करने पर

$$\frac{T}{J} = \frac{q}{R} = \frac{G\theta}{L}$$

$\therefore$ अधिकतम अपरूपण बल

$$q = \frac{T.R}{J} = \frac{6.366 \text{x} 10^6 \text{x} 37.5}{3.10^6 \text{x} 10^6} = 76.85 N/mm^2 \qquad \text{(Ans.)}$$

मरोड़ कोण, $\theta = \frac{TL}{GJ}$

$$= \frac{6.366 \text{x} 10^6 \text{x} 7500}{82 \text{x} 10^3 \text{x} 3.10^6 \text{x} 10^6} = 0.1874 radian = 10.74^\circ \qquad \text{(Ans.)}$$

Q 3.2 एक ठोस गोल धुरे का व्यास ज्ञात कीजिए जो 300 चक्कर प्रति मिनट (rpm) से 450KW शक्ति का संचारण करता है। मरोड़

कोण प्रतिमीटर लम्बाई में 1° से अधिक न हो तथा अधिकतम मरोड़ अपरूपण प्रतिबल 50 N/mm² से अधिक न हो। G = 85 KN/mm² मानिये।

(Determine the diameter of solid shaft which will transmit 450KW power at 300 rpm. The angle of twist must not exceed one degree per meter length and the maximum torsional stress is to be limited to 50N/mm². Assume, G = 85KN/mm².)

हल – दिया है – $P = 450\ KW = 450 \times 10^6 N\text{-}mm/s$

$N = 300\ rpm$

$\theta = 1^o = \pi/180^o \times 1^o = 0.0174532\,radian$

$L = 1\ m = 1000\ mm \qquad q = 50\ N/mm^2$

$G = 85\ KN/mm^2 = 85 \times 10^3\ N/mm^2$

अब, $P = \dfrac{2\pi NT}{60}$

$$\therefore T = \frac{P \times 60}{2\pi N} = \frac{450 \times 10^6 \times 60}{2 \times \pi \times 300} \qquad T = 14.3239 \times 10^6 N-mm$$

अब, मरोड़ समीकरण से –

$$\frac{T}{J} = \frac{q}{R} \qquad J = \frac{\pi}{32} \times d^4 \quad \text{तथा} \quad R = d/2 \quad \therefore T = \frac{q.J}{R}$$

$$14.3239 \times 10^6 = \frac{50 \times \frac{\pi}{32} \times d^4}{d/2} \qquad \therefore d^3 = 1.4601 \times 10^6$$

$$\therefore d = 113.44\,mm \quad \text{and} \quad \frac{T}{J} = \frac{G\theta}{L}$$

$$J = \frac{TL}{G\theta} = \frac{14.3239 \times 10^6 \times 1000}{85 \times 10^3 \times 0.0174532} \text{ or } J = \frac{\pi}{32} \times d^4 = 9655364$$

$$\therefore d^4 = 98348730 \qquad \therefore \ d = 99.58mm$$

अतः धुरे का न्यूनतम व्यास = 113.44mm **उतर**

Q 3.3 समान पदार्थ का एक ठोस गोल धुरा 8 cm व्यास का है तथा एक खोखले गोल धुरे का आंतरिक व्यास 6 cm है तथा ठोस व खोखले धुरे का अनुप्रस्थ काट क्षेत्रफल समान है। ज्ञात कीजिए –

(a) समान कोणीय वेग पर दोनो धुरों का अश्व शक्ति संचारण अनुपात

(b) समान प्रतिबल तीव्रता तथा समान लम्बाई के लिए धुरों के मरोड़ कोणों की तुलना कीजिए

(A solid shaft 8 cm in diameter has the same cross-sectional area as a hollow shaft of the same material with inside diameter of 6 cm. Find the –

(a) Ratio of the horse powers transmitted by the two shafts at the same angular velocity.

(b) Compare the angle of twist in equal length of these shafts when stressed to the same intensity.

हल – ठोस धुरे के लिए अनुप्रस्थ काट क्षेत्रफल, A

$$A = \frac{\pi}{4} d^2 = \frac{\pi}{4} \text{x} (80)^2 = 5026.5482 \ mm^2$$

खोखले गोले के लिए अनुप्रस्थ काट क्षेत्रफल

$$A' = \pi/_4 (D^2 - 60^2)$$

जहां D = खोखले गोले का बाहरी व्यास है।

प्रश्नानुसार : A = A'

$$\pi/_4 \text{x} (80)^2 = \pi/_4 (D^2 - 60^2) \qquad \text{or} \qquad D^2 = 80^2 + 60^2$$

$$\therefore D = 100\text{mm}$$

(a) हम जानते है कि,

$$\frac{T}{J} = \frac{q}{R} \qquad T = \left(J/_R\right).q = Z_p.q$$

जहां Z_p = ध्रुवीय मापांक (Polar modulus)

$\therefore$ अश्व शक्ति $H.P. = \dfrac{2\pi NT}{736 \times 60}$ जहां T N-m में है

$$= \frac{2\pi N Z_p . q}{44160}$$

समान पदार्थ तथा समान कोणीय वेग के लिए दोनों धुरों में N तथा q समान रहेंगे। अतः अश्व शक्ति संचारण ध्रुवीय मापांक के अनुक्रमानुपाती होगा। इस प्रकार अश्व शक्ति संचारण का अनुपात धुरों के ध्रुवीय मापांक के अनुपात के बराबर होगा।

$$\frac{\text{ठोस धुरे में अश्व शक्ति संचारण}}{\text{खोखले धुरे में अश्व शक्ति संचारण}} = \frac{(Z_p)\text{ ठोस धुरा}}{(Z_p)\text{ खोखला धुरा}}$$

$$(Z_p)\text{ ठोस धुरा} = \frac{\pi}{16} \times (80)^3 = 100.53096 \times 10^3 mm^3$$

$$(Z_p)\text{ खोखला धुरा} = \pi/16 \left(\frac{100^4 - 60^4}{100} \right) = 170.90264 \times 10^3 mm^3$$

$$\frac{\text{(H.P.) ठोस धुरा}}{\text{(H.P.) खोखले धुरा}} = \frac{100.53096 \times 10^3}{170.90264 \times 10^3} = 0.5882 \qquad (Ans.)$$

(b) अब $\dfrac{q}{R} = \dfrac{G\theta}{L}$ $\qquad \theta = \dfrac{q.L}{GR}$

समान लम्बाई, समान प्रतिबल तीव्रता तथा समान G के मान के लिए

$$\frac{(\theta)\text{ ठोस धुरा}}{(\theta)\text{ खोखला धुरा}} = \frac{\text{(R) खोखला धुरा}}{\text{(R) ठोस धुरा}}$$

$$= \frac{5}{4} = 1.25 \qquad \text{(Ans.)}$$

Q 3.4 एक खोखले वृताकार धुरे का बाहरी व्यास तथा आतंरिक व्यास क्रमशः 150 mm तथा 100 mm है तथा लम्बाई 6 m है। यह धुरा 15 KN-m के मरोड़ घूर्ण से आरोपित है। यदि G =

80kN/mm² हो तो धुरे में कुल मरोड़ कोण तथा उत्पन्न अधिकतम अपरूपण प्रतिबल ज्ञात कीजिए।

(A hollow circular shaft of 6 m length and outer and inner diameters of 150 mm and 100 mm is subjected to a torque of 15KN-m. If, G = 80 KN/mm², determine the maximum shear stress produced and the total angle of twist).

हल – दिया है – L = 6m = 6000 mm

D = 75 mm, d = 100 mm

T = 15 KN-m = 15×10^6 N-mm

G = 80 KN/mm² = 80×10^3 N/mm²

$$J = \frac{\pi}{32}(D^4 - d^4) = \frac{\pi}{32}(150^4 - 100^4) = 39.8835 \times 10^6 mm^4$$

अब, $\frac{T}{J} = \frac{q}{R}$

$$q = \frac{T.R}{J} = \frac{15 \times 10^6 \times 75}{39.8835 \times 10^6} = 28.20 N/mm^2 \quad \text{(Ans.)}$$

तथा, मरोड़ कोण $\theta = \frac{TL}{GJ} = \frac{15 \times 10^6 \times 6000}{80 \times 10^3 \times 39.8835 \times 10^6}$

$$= 0.0282071 \; rad = 1.616^\circ \quad \text{(Ans.)}$$

Q 3.5 एक खोखले वृताकार धुरे का बाहरी व्यास 250 mm तथा धातु की मोटाई 50 mm है तथा शक्ति संचारण 250 rpm पर होता है। 3 m लम्बाई पर मरोड़ कोण 0.75° है। खंड के शक्ति संचारण तथा अधिकतम अपरूपण प्रतिबल ज्ञात कीजिए। G = 82 KN/mm² मानिये।

(A hollow circular shaft 250 mm external diameter and thickness of metal 50 mm is transmitting power at 250 rpm. The angle of twist over a length of 3 m was found to be 0.75 degrees. Calculate the power transmitted and the maximum shear stress induced in the section). Take G = 82KN/mm².

हल – दिया है – D = 250mm t = 50mm

$\therefore d = (D - 2t) = (250 - 2 \times 50)$

$= 150mm$

$$N = 250\ rpm,\ \theta = 0.75 \times \frac{\pi}{180} = 0.0130899\, radian$$

L = 3000 mm = 3 m

$$\therefore J = \frac{\pi}{32}(250^4 - 150^4) = 3.34 \times 10^8\, mm^4$$

अब मरोड़ समीकरण से

$$\frac{T}{J} = \frac{G\theta}{L} \qquad \therefore T = \frac{GJ\theta}{L} = \frac{82 \times 10^3 \times 3.34 \times 10^8 \times 0.0130899}{3000}$$

$$= 1.194 \times 10^8\, N-mm$$

अतः $P = \frac{2\pi NT}{60} = \frac{2\pi \times 250 \times 1.1942843 \times 10^8}{60}$

$P = 3.126629 \times 10^9\, N-mm/s = 4248.1374\ H.P.$ (Ans.)

अब $\frac{q}{R} = \frac{G\theta}{L} \qquad \therefore q = \frac{GR\theta}{L}$

$$= \frac{82 \times 10^3 \times 125 \times 0.0130899}{3000} = 44.72\, N/mm^2$$ (*Ans.*)

Q 3.6. एक खोखले धुरे के व्यासों का अनुपात $5/8$ है जो 110 चक्कर/मिनट पर 500 KW शक्ति संचारण के लिए आवश्यक है। अधिकतम मरोड़ घूर्ण औसत से 25% अधिक है। अपरूपण प्रतिबल 60 N/mm² से अधिक न हो तथा मरोड़ 4m लम्बाई में 2° से अधिक न हो। इन प्रतिबन्धों को संतुष्ट करने वाले अधिकतम बाहरी व्यास की गणना कीजिए। G = 84 KN/mm² मानिए

(A hollow shaft of diameter ratio $5/8$ is required to transmit 500 KW at 110 rpm, the maximum torque being 25% greater than the mean. The shear stress is not to exceed 60 N/mm², the twist in a length of 4m not to exceed 2 degrees. Calculate the maximum external diameter satisfying these conditions). Take G = 84KN/mm².

दिया है – आन्तरिक व्यास, $d = \frac{5}{8}D$ जहां D = बाहरी व्यास

शक्ति $P = 500KW = 500 \times 10^3 Watts$

धुरे के चक्कर, N = 110rpm

अधिकतम मरोड़ घूर्ण, $T_{max} = 1.25\ T_{mean}$

अधिकतम अपरूपण प्रतिबल $q = 60N/mm^2$

धुरे की लम्बाई, L = 4m = 400mm

मरोड़ कोण, $Q = 2^o = 2 \times \frac{\pi}{180} = 0.0349065 rad.$

$$G = 84KN/mm^2 = 84 \times 10^3 N/mm^2$$

अब

$$P = \frac{2\pi NT}{60} \quad \therefore T = \frac{P \times 60}{2\pi N} = \frac{500 \times 10^6 \times 60}{2 \times \pi \times 110} = 43.40 \times 10^6 N-mm$$

$$T\max = 1.25 \times T mean = 1.25 \times 43.4 \times 10^6 = 54.25 \times 10^6 N-mm$$

$\therefore$ अब, $\frac{T}{J} = \frac{q}{R}$ से

$$\frac{54.25 \times 10^6}{\frac{\pi}{32}(D^4 - d^4)} = \frac{60}{D/2} \text{ या } \frac{54.25 \times 10^6}{60 x \pi/32} = \frac{D^4 - \left(\frac{5}{8}D\right)^4}{D/2} = \frac{0.847412 D^4}{0.5D}$$

$$1.6948242\, D^3 = 9.211 \times 10^6 \qquad \therefore D = 175.81\ mm$$

परन्तु, $\frac{T}{J} = \frac{G\theta}{L}$

मरोड़ गुण से $\therefore \frac{54.25 \times 10^6 \times 2000}{84 \times 10^3 \times 0.0349065} = \frac{D}{32}\left[D^4 - \left(\frac{5}{8}\right)D^4\right]$

$\therefore D = 145.23\, mm$

(A) व (B) से, धुरे का आवश्यक व्यास = 175.81 mm होगा। (उत्तर)

Q 3.7. एक धुरा 250 चक्कर प्रति मिनट (rpm) से 250 KW शक्ति संचारण करता है। अधिकतम मरोड़ घूर्ण औसत घूर्ण का 1.5 गुना है। धुरे में अनुमत अपरूपण प्रतिबल 50 N/mm^2 है तथा मरोड़ प्रति लम्बाई 1° है। व्यास ज्ञात कीजिए।

(1) धुरा ठोस हो।

(2) धुरा खोखला हो तथा व्यासों का अनुपात $\frac{2}{3}$ हो।

दृढ़ता गुणांक = 80 KN/mm^2 मानिये

(A shaft is required to transmit 250 KW powers at 250 rpm. The maximum torque may be 1.5 times the mean torque. The shear stress in the shaft should not exceed 50 N/mm^2 and the twist 1° per meter length. Determine the diameter required if

(1) shaft is solid.

(2) shaft is hollow with diameters ratio $\frac{2}{3}$ -

Take modulus of rigidity = 80KN/mm^2

हल – P = 250 kW = 250 x 10^6 N-mm/s

N = 250rpm $T_{max} = 1.5\ T_{mean} = 1.5T$

$q = 50 N/mm^2$; $Q = 1^o = 1\times\frac{\pi}{180} rad.$

$G = 80 \times 10^3 N/mm^2$; L = 1m = 1000 mm

हम जानते है कि $P = \frac{2\pi NT}{60}$

$$\therefore T = \frac{60 \text{x} P}{2\pi N} = \frac{60 \text{x} 250 \text{x} 10^6}{2 \text{x} \pi \text{x} 250} = 9.5492966 \text{x} 10^6$$

$T_{max} = 1.5 \text{x} T$

(1) ठोस धुरे के लिए – $J = \frac{\pi}{32} d^4$ जहां d =ठोस धुरे का व्यास है

अपरूपण बल से – $\frac{q}{R}=\frac{T_{max}}{J}$

$$\frac{50}{d/2}=\frac{9.54\text{x}10^6\text{x}1.5}{\pi/_{32}(d^4)} \qquad d=113.42mm$$

मरोड़ कोण से – $\frac{T_{max}}{J}=\frac{G\theta}{L} \quad \frac{\pi}{32}(d^4)=\frac{1.5\text{x}9.55\text{x}10^6\text{x}1000}{80\text{x}10^3\text{x}1\text{x}\pi/_{180}}$

$$\therefore d=101.1mm$$

अतः ठोस धुरे का आवश्यक व्यास 113.42 mm होगा। (उतर)

(2) खोखले धुरे के लिए –

अपरूपण प्रतिबल से –

$$\frac{T_{max}}{J}=\frac{q}{R} \qquad \frac{9.55\text{x}10^6\text{x}1.5}{\pi/_{32}\left(D^4-\left(2/_3 D\right)^4\right)}=\frac{50}{D/_2}$$

जहां D = बाहरी व्यास तथा $d'=2/_3 D$ त्र आन्तरिक व्यास

$$\frac{14.32\text{x}10^6}{.0788722D^4}=\frac{50}{0.5D} \quad \therefore 7161972.4=3.93911D^3$$

अतः D = 122.05 mm, d' = 81.36 mm

मरोड़ कोण से – $\frac{T}{J}=\frac{G\theta}{L} \quad \Rightarrow J=\frac{TL}{G\theta}$

$$\pi/_{32}\left(D^4-\left(2/_3 D\right)^4\right)=\frac{1.5\text{x}9.55\text{x}10^6\text{x}1000}{80\text{x}103\text{x}1^o\text{x}\pi/_{180^o}}$$

$$0.0787822D^4 = 10258770$$

$$D = 106.82350 \text{ mm}$$

तथा d' = 71.21 mm

अतः खोखले धुरे के आवश्यक व्यास

D = 122.05 mm d' = 81.36 mm (Ans.)

Q 3.8. ठोस धुरे तथा खोखले धुरे के भारों की तुलना कीजिए जो समान लम्बाई के है, दी गई गति पर दी गई शक्ति का संचारण करते है। यदि दोनों धुरों के पदार्थ भी समान हो। खोखले धुरे का आन्तरिक व्यास बाहरी व्यास का $^2/_3$ मानिये।

(Compare the weight of solid shaft with that of a hollow one having the same length to transmit a given power at a given speed, if the material used for both the shaft is the same. Take the inside diameter of hollow shaft as $^2/_3$ times the outer diameter.)

हल – माना D = ठोस धुरे का व्यास

d = खोखले धुरे का बाहरी व्यास

$^2/_3$ d = खोखले धुरे का आंतरिक व्यास

माना P = शक्ति संचारण N = गति (rpm)

तथा T = संगत मरोड़ घूर्ण

अधिकतम अपरूपण प्रतिबल से –

$\frac{T}{J}=\frac{q}{R}$ जहां q ; सतह पर अपरूपण है। या $T=\frac{q.J}{R}$

ठोस धुरा – $J = \pi/_{32} D^4 \quad T=\frac{\pi}{32}D^4 \text{x} \frac{q}{D/_2}=\frac{\pi}{16}D^3.q$ (A)

खोखले धुरे के लिए –

$$J=\frac{\frac{\pi}{32}\times\left(d^4-\left(2/_3\right)d\right)^4}{d/_2}\text{x}q=\frac{\pi}{16}\text{x}\,0.802d^3q \quad \text{(B)}$$

समीकरण (A) व (B) से –

$D^3 = 0.802d^3$

D = 0.929718d = 0.93d.

∴ ठोस धुरे का क्षेत्रफल

$$A_S = \frac{\pi}{4}D^2 = \frac{\pi}{4}(0.93d)^2 = \frac{\pi}{4}\times 0.8637d^2$$

खोखले धुरे का क्षेत्रफल, $Ah = \frac{\pi}{4}\left(d^2 - \left(\frac{2}{3}d\right)^2\right) = \frac{\pi}{4}\times 0.5555d^2$

$$\therefore \frac{Ws}{Wh} = \frac{As}{Ah} = \frac{0.8637}{0.5555} = 1.5543$$

अधिकतम मरोड़ कोण लेने में –

$$\frac{T}{J} = \frac{G\theta}{L} \quad \text{या} \quad T = GJ\frac{\theta}{L}$$

∴ ठोस धुरे के लिए –

$$T = \frac{\pi}{32}D^4 \times \frac{G\theta}{L} \qquad (C)$$

खोखले धुरे के लिए –

$$T = \frac{\pi}{32}\left(d^4 - \left(\frac{2}{3}d\right)^4\right)\frac{G\theta}{L} \qquad (D)$$

समीकरण (C) व (D) से –

$D^4 = 0.8024691d^4$

$\therefore D = 0.94647d$

∴ ठोस धुरे का क्षेत्रफल, $As = \frac{\pi}{4}D^2 = \frac{\pi}{4}(0.94647d)^2$

$$= \frac{\pi}{4}\text{x}\,0.8958054d^2$$

तथा खोखले धुरे का क्षेत्रफल $= \frac{\pi}{4}\left(d^2 - \left(\frac{2}{3}d\right)^2\right)$

$$= \pi/4\; 0.05555d^2$$

चूंकि लम्बाई समान है अतः भार क्षेत्रफलों के समानुपाती होगा।

$$\therefore \frac{Ws}{Wh} = \frac{As}{Ah} = \frac{0.8958}{0.5555} = 1.6124$$

इस प्रकार ठोस धुरे का भार, खोखले धुरे से 55.47 प्रतिशत से अधिक होता है यदि अपरूपण प्रतिबल से अभिकल्पन (design) करें तथा 61.24 प्रतिशत अधिक होगा यदि मरोड़ कोण अभिकल्पन करें **(उतर)**

Q 3.9. जब किसी धुरे पर मरोड़ घूर्ण आरोपित हो तो सिद्व कीजिए कि खोखला धुरा ठोस धुरे से अधिक सामर्थ्यवान होता है यदि दोनों धुरे समान पद्वार्थ, भार तथा लम्बाई के बने हो।

(Prove that a hollow shaft is always stronger than a solid shaft of same material, weight and length when subject to simple torque).

हल – माना D = ठोस धुरे का व्यास

d = खोखले धुरे का बाहरी व्यास

तथा d' = खोखले धुरे का आतंरिक व्यास

चूंकि दोनों धुरों का भार तथा लम्बाई समान है तथा ये एक ही पदार्थ से बने है अतः इनके भारों की तुलना करेंगे जो अनुप्रस्थ काट क्षेत्रफल के समानुपाती होंगे। अतः

$$\frac{\pi}{4}D^2 = \frac{\pi}{4}(d^2 - d'^2)$$

अर्थात, $D^2 = d^2 - d'^2$ (A)

माना Ts ठोस धुरे की मरोड़ घूर्ण प्रतिरोध क्षमता है तथा T_h खोखले धुरे की मरोड़ घूर्ण प्रतिरोध क्षमता है।

अब, मरोड़ समीकरण से –

$$Ts = Js \times \frac{qs}{R} = \frac{\pi}{32}D^4 . \frac{q}{D/2} \qquad = \frac{\pi}{16}D^3 . q$$

तथा
$$Th = Jh\frac{q}{R} = \frac{\pi}{32}(d^4 - d'^4)\frac{q}{d/2}$$

$$= \pi/16 \frac{(d^4 - d'^4)}{d}q \qquad \therefore \frac{Th}{Ts} = \frac{d^4 - d'^4}{D^3 . d} \qquad \text{(B)}$$

समीकरण (A) से D का मान ऊपर दी गई समीकरण (B) में प्रतिस्थापित करने पर,

$$\therefore \frac{T_h}{Ts} = \frac{(d^2 - d'^2)(d^2 + d'^2)}{(d^2 - d')^2 (d^2 - d'^2)^{1/2} . d}$$

$$= \frac{d^2\left(1 + \left(d'/d\right)^2\right)}{d^2 . \sqrt{1 - \left(d'/d\right)^2}} \qquad = \frac{\left[1 + \left(d'/d\right)^2\right]}{\sqrt{1 - \left(d'/d\right)^2}}$$

इस प्रकार अंश > 1 तथा हर < 1

$$\therefore T_h > Ts$$

अर्थात खोखला धुरा ठोस धुरे से अधिक सामर्थ्यवान है यदि दोनों धुरों के भार समान हो। **(उत्तर)**

3.8. यौगिक धुरा (Composite shaft)

जब भिन्न नापों व पदार्थों के एक से अधिक धुरों को जोड़कर एक धुरा बनाया जाता है तो इसे धुरे को यौगिक धुरा (composition shaft) कहते है। यौगिक धुरे को दो प्रकार से विभाजित करते है।

3.8.1. श्रेणी बद्ध धुरा (Shaft in series)

जब किसी यौगिक धुरे पर मरोड़ उत्पन्न करने वाला मरोड़ घूर्ण एक सिरे पर तथा प्रतिरोधी मरोड़ घूर्ण दूसरे सिरे पर कार्य करें तो इस व्यवस्था को श्रेणीबद्ध धुरा कहते है। इस व्यवस्था में प्रत्येक धुरा समान आघूर्ण का संचारण करता है तथा कुल मरोड़ कोण प्रत्येक धुरे के मरोड़ कोण के योग के समान होता है।

चित्र 3.6 में श्रेणीबद्ध धुरा दर्शाया गया है। इस व्यवस्था में धुरा AB व AC दोनों पर समान मरोड़ घूर्ण होगा।

जबकि कुल मरोड़ कोण $\theta = \theta_1 + \theta_2$

$$= \frac{Tl_1}{J_1G_1} + \frac{Tl_2}{J_2G_2} = T\left(\frac{l_1}{J_1G_1} + \frac{l_2}{J_2G_2}\right) \qquad (3.5)$$

जहां T प्रत्येक धुरे द्वारा संचारित मरोड़ घूर्ण है।

l_1 तथा l_2 धुरों की लम्बाइयां है,

J_1 तथा J_2 धुरों के ध्रुवीय जड़त्व आघूर्ण है।

और G_1 तथा G_2 संगत दृढ़ता गुणांक है।

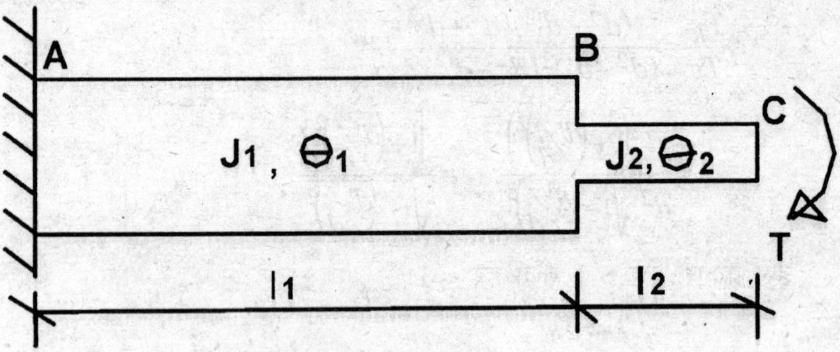

चित्र 3.6.

यदि दोनों धुरे समान पदार्थ के हो तो $G_1 = G_2 = G$

$$\text{तो } \theta = \theta_1 + \theta_2 = \frac{T}{G}\left(\frac{l_1}{J_1} + \frac{l_2}{J_2}\right) \quad (3.6)$$

3.8.2. समानान्तर धुरा (Parallel shaft)

यदि यौगिक धुरे (composit shaft) के घटकों के जोड़ बिन्दु पर घुमाव उत्पन्न करने वाला मरोड़ घुर्ण कार्यरत हो तथा दोनों सिरों पर प्रतिरोधी घूर्ण कार्यरत हो तो ऐसी व्यवस्था को समानान्तर धुरा कहते है।

चित्र 3.7 में समान्तर धुरों की व्यवस्था दर्शाई है।

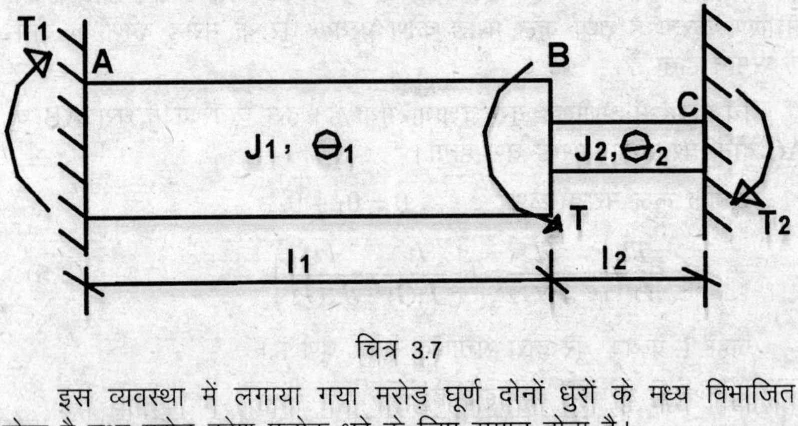

चित्र 3.7

इस व्यवस्था में लगाया गया मरोड़ घूर्ण दोनों धुरों के मध्य विभाजित होता है तथा मरोड़ कोण प्रत्येक धुरे के लिए समान होता है।

$$\text{अर्थात } \theta_1 = \theta_2 \text{ या } \frac{T_1 l_1}{J_1 G_1} = \frac{T_2 l_2}{J_2 G_2} \quad (3.7)$$

जहां T_1 तथा T_2 दोनों धुरों में विभाजित मरोड़ घूर्ण है।

तथा कुल मरोड़ घूर्ण $T = T_1 + T_2$ (3.8)

यदि धुरे समान पदार्थ के हो –

$$\therefore \frac{T_1 l_1}{J_1} = \frac{T_2 l_2}{J_2} \quad (\therefore G_1 = G_2 = G) \tag{3.9}$$

Q 3.10. चित्र 3.8 में धुरा दर्शाया है जो A सिरे पर आबद्व तथा इस धुरे पर 10 KN-m का मरोड़ घूर्ण आरोपित है। यदि भाग AB ठोस धुरा है जिसका व्यास 120 mm हो तथा भाग BC खोखला धुरा है जिसका बाहरी व्यास 120 mm तथा आतंरिक व्यास 80 mm हो तो अधिकतम प्रतिबल तथा अधिकतम मरोड़ कोण ज्ञात कीजिए। G = 80 KN/mm² मानिये

(The shaft shown in Fig. 3.8 is securely fixed at A and is subjected to a torque of 10 KN-m. If portion AB is solid shaft of 120 mm diameter and portion BC is hollow with external diameter 120mm and internal diameter 80 mm, find the maximum stress and maximum angle of twist. Take G = 80KN/mm².)

हल – चूंकि यह श्रेणीबद्ध व्यवस्था है अतः दोनों भागों (AB and BC) में आरोपित मरोड़ घूर्ण T = 10KN-m समान होगा तथा चूंकि दोनों भाग समान पदार्थ के बने है अतः दोनों भागों का G = 80 KN/mm² समान होगा।

अतः $T = 10\ KN/mm^2 = 10 \times 10^6\ N\text{-}mm$

$G = 80\ KN/mm^2 = 80 \times 10^3\ N/mm^2$

भाग AB के लिए, $J_{AB} = \frac{\pi}{32} \times (120)^4 = 20.35752 \times 10^6 mm^4$

भाग के BC लिए $J_{BC} = \frac{\pi}{32}(120^4 - 80^4) = 16.33282 \times 10^6 mm^4$

चूंकि अक्षीय दूरी R दोनों भागों में समान है परन्तु भाग BC में J_{BC} का मान कम है। अतः भाग BC में अधिकतम प्रतिबल उत्पन्न होगा।

$$\therefore \frac{T}{J_{BC}} = \frac{q}{R}$$

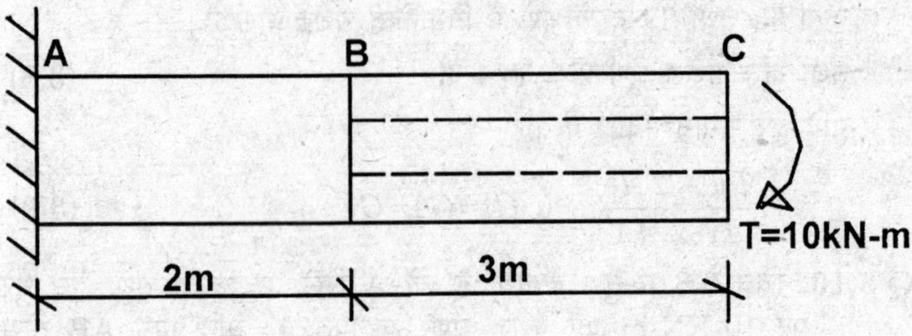

चित्र 3.8

$$q = \frac{T \times R}{J_{BC}} = \frac{10 \times 10^6 \times 60}{16.336282 \times 10^6} = 36.728 N/mm^2 \quad \text{(Ans.)}$$

अब C पर कुल मरोड़ कोण, θ

$$\theta = \theta_{AB} + \theta_{BC} = \frac{T L_{AB}}{J_{AB}.G} + \frac{T L_{BC}}{J_{BC}.G} = \frac{T}{G}\left(\frac{L_{AB}}{J_{AB}} + \frac{L_{BC}}{J_{BC}}\right)$$

$$= \frac{10 x 10^6}{80 x 10^3}\left[\frac{2000}{20.35752 x 10^6} + \frac{3000}{16.336282 x 10^6}\right]$$

$$= 0.03523 \ rad. = 2.01^o \quad \text{(Ans.)}$$

Q 3.11 लोहे तथा पीतल में अनुपत अपरूपण प्रतिबल क्रमशः 100 N/mm² तथा 80 N/mm² है। चित्र 3.9 में दर्शाये अनुसार आरोपित अधिकतम मरोड़ घूर्ण ज्ञात कीजिए। स्थिर सिरे के सापेक्ष मुक्त सिरे की कुल मरोड़ कोण भी ज्ञात कीजिए। यदि G_b = 40 KN/mm² तथा Gs = 80 KN/mm² हो

(The allowable shear stress in steel and brass are 100 N/mm² and 80 N/mm² respectively. Find the maximum torque that can be applied in the stepped shaft shown in Fig. (3.9). Find also the total rotation of free end with respect to the fixed and if G_b = 40KN/mm² and Gs = 80KN/mm²).

हल – चूंकि यह श्रेणीबद्ध धुरे हैं। अतः दोनों धुरों में समान आघूर्ण होगा।

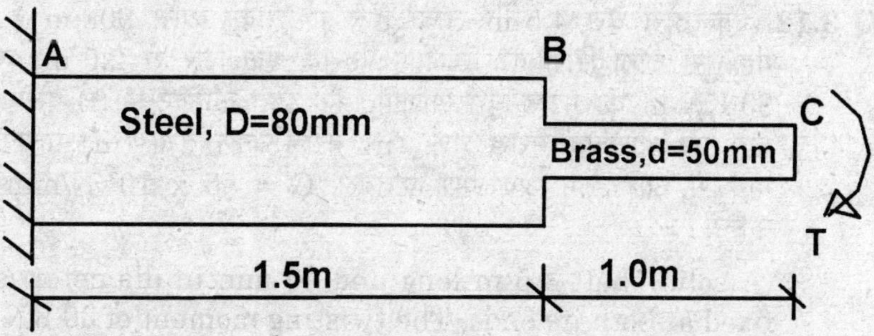

चित्र 3.9

लोहे का धुरा AB लेने पर –

$$\frac{T}{\frac{\pi}{32}x(80)^4}=\frac{100}{40} \Rightarrow T=10.053x10^6N-mm$$

पीतल (brass) का धुरा लेने पर –

$$\frac{T}{\frac{\pi}{32}x(50)^4}=\frac{80}{25} \quad \therefore T=1.96349x10^6N-mm$$

अतः अधिकतम आरोपित मरोड़ घूर्ण

$= 1.9635 \times 10^6$ N-mm (Ans.)

अतः मुक्त सिरे का मरोड़ $= \theta_s + \theta_b$

$$= \frac{TLs}{JsGs}+\frac{TLb}{JbGb}$$

$$=1.9635x10^6\left[\frac{1500}{\pi/_{32}x(80)^4x80x10^3}+\frac{1000}{\pi/_{32}x50^4x40x10^3}\right]$$

$$=\frac{1.9655x10^6}{\pi/_{32}x10^3}\left[\frac{1500}{(80)^4x80}+\frac{1000}{50^4x40}\right]$$

$=0.08924 rad.=5.11^o$ (Ans.)

Q 3.12. एक ठोस धुरा 4.5 m लम्बा है तथा इसका व्यास 90mm है। यह धुरा दोनों सिरों पर स्थिर है। इसके एक सिरे से 2.0 m दूर 30 KN-m का मरोड़ घूर्ण आरोपित है। ज्ञात कीजिए – (i) प्रत्येक भाग पर आरोपित मरोड़ घूर्ण, (ii) मरोड़ कोण तथा (iii) प्रत्येक भाग में अधिकतम अपरूपण प्रतिबल $G = 85 \times 10^3$ N/mm² मानियें।

(A solid shaft 4.5 m long and 90 mm in diameter is fixed at both its ends. The twisting moment of 30 KN-m is aplied at a distance 2.0 m from the end. Calculate (i) the twisting moment shared by each portion, (ii) angle of twist and (iii) the maximum shear stress in each side. Take $G = 85 \times 10^3$ N/mm²).

हल – चित्र (3.10) में यह धुरा दर्शाया गया है।

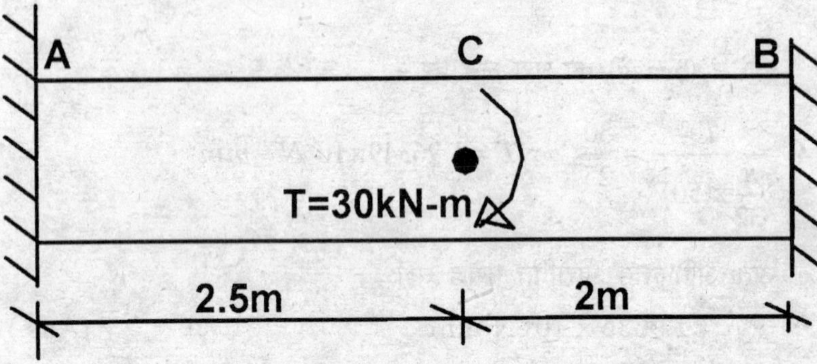

चित्र 3.10

चूंकि यह समान्तर धुरे की व्यवस्था है। अतः

$T = T_1 + T_2$ यहां 1. AC भाग के लिये आया है

2. BC भाग के लिए आया है

$$\therefore 30 = T_1 + T_2 \quad \text{(a)}$$

परन्तु, हम जानते है कि दोनों भागों (AC & BC) का मरोड़ कोण समान होते है।

अतः $\theta_1 = \theta_2$

$$\therefore \frac{T_1}{J} = \frac{G\theta_1}{l_1} \therefore \theta_1 = \frac{T_1 L_1}{GJ}$$

इसी तरह, $\theta_2 = \frac{T_2 l_2}{GJ}$ $\quad \therefore \theta_1 = \theta_2 \quad T_1 l_1 = T_2 l_2$

$$\frac{T_1}{T_2} = \frac{l_1}{l_2} = \frac{2}{2.5} = \frac{4}{5} \text{ या } T_1 = \frac{4}{5} T_2 \qquad \text{(b)}$$

समीकरण (a) तथा (b) से –

$$30 = \frac{4}{5} T_2 + T_2 \quad 150 = 9T_2 \quad T_2 = \frac{150}{9} = 16.67 KN - m$$

$$\therefore T_1 = 30 - 16.67 = 13.33 KN - m \qquad \text{(Ans.)}$$

अब, (ii) $\theta_1 = \theta_2 = \frac{16.67 \text{x} 10^6 \text{x} 2000}{85 \text{x} 10^3 x \frac{\pi}{32} \text{x} (90)^4} = 0.06089 \, radian.$ (Ans.)

(iii) $\frac{T_1}{J} = \frac{q_1}{R}$

AC भाग में प्रतिबल, $q_1 = \frac{T_1 . R}{J} = \frac{13.33 \text{x} 10^6 \text{x} 45}{\frac{\pi}{32} \text{x} (90)^4}$

$$q_1 = 93.126 N/mm^2 \qquad (Ans.)$$

तथा इसी प्रकार $q_2 = \frac{T_2 R}{J} = \frac{16.67 \text{x} 10^6 \text{x} 45}{\frac{\pi}{32} \text{x} (90)^4}$

BC भाग में प्रतिबल, $\therefore q_2 = 116.460 N/mm^2$ (Ans.)

Q 3.13. चित्र (3.11) में संयुक्त धुरे की लम्बाई 4.2 m है। धुरे AB की लम्बाई 2.1 m है तथा व्यास 15 cm है। BC की लम्बाई 2.1 m तथा व्यास 9 cm है। धुरे के मुक्त सिरे पर 15 kN-m का मरोड़ घूर्ण वामावर्त कार्य कर रहा है। जोड़ बिन्दु B पर दक्षिणावृत दिशा में 30 kN-m मरोड़ घूर्ण कार्य कर रहा है। मुक्त सिरे C पर आबद्ध सिरें A के सापेक्ष मरोड़ कोण ज्ञात कीजिए। G = 84 x 10^3 N/mm^2 मानिये।

(The composite staff is shown in Fig. (3.11) is 4.2m long. The length of portion AB is 2.1 cm and diameter is 15 cm. The length of portion BC is 2.1 cm and diameter is 9 cm. The shaft is subjected to torque 15 kN-m in the anti clockwise direction at free end and a torque of 30 kN-m in the clockwise direction at junction of the two sizes. Find out angle of twist of free end C with respect to fixed end A. (Take G = 84 x 10^3 N/mm^2).

हल – चित्र 3.11 (b) में मुक्त पिण्ड आरेख दर्शाया गया है।

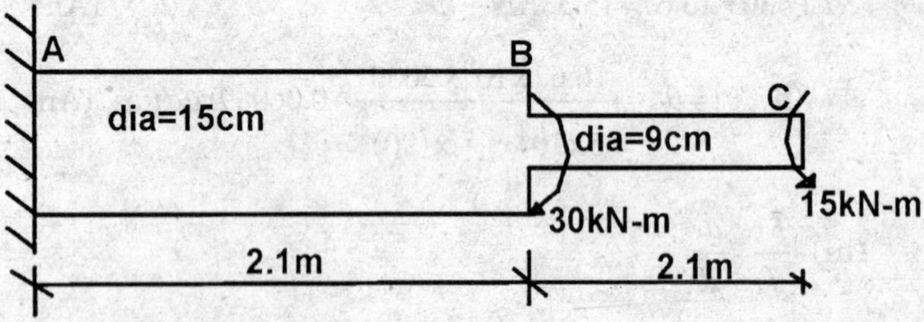

चित्र 3.11 (अ)

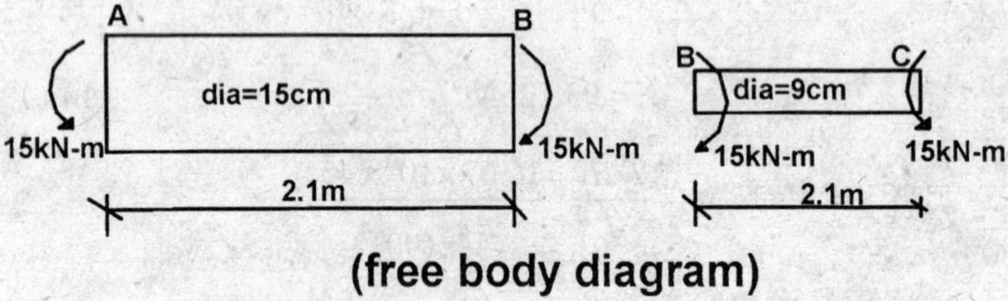

चित्र 3.11 (ब)

BC भाग के लिए, मरोड़ घूर्ण T = 15 KN-m = 15 x 10^6 N-mm

$l = 2.1$ m = 2100 mm तथा $J = \frac{\pi}{32}(90)^4 = 6.4412 \times 10^6 mm^4$

C पर मरोड़ कोण B के सापेक्ष

$$\theta_{BC} = \frac{Tl}{GJ} = \frac{15 \text{x} 10^6 \text{x} 2100}{84 \text{x} 10^3 \text{x} 6.4412 \text{x} 10^6}$$

$$\therefore \theta_{BC} = 0.0582185 \quad rad.$$

भाग AB के लिए, मरोड़ घूर्ण, $T = 15 \times 10^6$ N-mm,

L = 21 m = 2100 mm

तथा $J = \frac{\pi}{32}(150)^4 = 49.701 \times 10^6 mm^4$

B पर कोण A के सापेक्ष

$$\theta_{BA} = \frac{Jl}{GJ} = \frac{15 \times 10^6 \times 2100}{84 \times 10^3 \times 49.701 \times 10^6} = 0.0075451 rad.$$

$\therefore \theta_{BC}$ & θ_{BA} दोनों विपरीत दिशाओं में है। अतः मुक्त सिरे C पर कुल मरोड़ कोण

$= \theta_{BC} - \theta_{AB}$

$= 0.0582185 - 0.0075451$

$= 0.0506733$ rad. $= 2.9^{\circ}$ (Ans.)

प्रश्नमाला

Q 3.1 8 cm व्यास तथा 2 m लम्बे धुरे पर 20 kN-m का एक मरोड़ घूर्ण कार्य कर रहा है। धुरे में अधिकतम अपरूपण प्रतिबल तथा मरोड़ कोण डिग्री में ज्ञात करो। $G = 80$ kN/mm² मानिये।

(A solid shaft of 8 cm diameter and 2m long is subjected to a torque of 20 kN-m. Calculate maximum shear stress and angle of twist in degrees. Take $G = 80$ kN/mm²)

(**Ans.** $q = 198.94$ N/mm²; $\theta = 7.12^{\circ}$)

Q 3.2 एक ठोस गोलाकार धुरे पर 15 kN-m का एक मरोड़ घूर्ण कार्य कर रहा है। यदि अनुमत अपरूपण प्रतिबल 60 N/mm² हो और धुरे की लम्बाई व्यास की 20 गुना हो तथा मरोड़ कोण पूरी लम्बाई में 1.5° से अधिक नहीं हो तो धुरे का व्यास ज्ञात कीजिए। $G = 80 \times 10^3$ N/mm² मानिये

(A solid shaft is subjected to a torque of 15 kN-m. If permissible shear stress in shaft is 60 N/mm² and length is equal to 20 times the diameter of shaft and angle of twist is not more than 1.5°. Find out diameter of the shaft. Take G = 80 x 10^3 N/mm^2).

(**Ans.** D = 113.41 mm).

Q. 3.3 50 mm व्यास तथा 1000 mm लम्बाई का ठोस धुरा 180 चक्कर प्रति मिनट पर 18 kW शक्ति का संचारण करता है। ज्ञात कीजिए (i) अधिकतम अपरूपण प्रतिबल (ii) मरोड़ कोण डिग्री में, तथा (iii) 15 mm त्रिज्या पर अपरूपण प्रतिबल। G = 80 KN/mm^2 मानियें।

(A solid steel shaft 50 mm diameter and 1000 mm long transmit 18 kW at 180 rpm. Calculate (i) the maximum shear stress induced, (ii) the angle of twist in degrees, and (iii) the shear stress at a radius of 15 mm). Take G = 80 kN/mm^2

Ans. (i) q = 38.90 N/mm2; (ii) 1.11° (iii) q_{15} = 23.34 N/mm^2

Q. 3.4 एक खोखले धुरे का बाहरी व्यास d तथा आंतरिक व्यास d/2 है। d को ज्ञात कीजिए यदि धुरा 50 N/mm^2 कार्यकारी प्रतिबल के साथ 150 चक्कर प्रति मिनट पर 300 KW शक्ति का संचारण करता है।

(A hollow shaft has outside diameter d and inside diameter d/2. Calculate the value of d if the shaft is to transmit 300 KW power at 150 rpm with a working stress of 50 N/mm^2.)

Ans. – d = 127.54 mm

Q. 3.5. एक खोखला धुरा 80 rpm पर 600 kW शक्ति संचारण करता है। यदि अधिकतम मरोड़ घूर्ण औसत से 40 प्रतिशत अधिक है। आवश्यक खंड का अभिकल्पन कीजिए यदि अनुमत अपरूपण प्रतिबल 90 N/mm^2 हो। व्यासों का अनुपात 0.8 है। 2 m लम्बाई के लिए मरोड़ कोण कितना होगा, यदि G = 84 kN/mm^2 हो।

(A hollow shaft has to transmit 600 kW power at 80 rpm. The maximum torque may exceed the mean by 40%. Design a suitable section, if the permissible shear stress is 90 N/mm^2. The diameter ratio is to be

0.8. What will be the angular twist measured over a length of 2 m, if modulus of rigidity, G = 84 kN/mm^2)

(**Ans.** – बाहरी व्यास = 212.6 mm; आंतरिक व्यास = 170.08 mm; θ = 0.020 rad.)

Q. 3.6. 100 cm लम्बा तथा 50 mm व्यास का एक धुरा दोनों सिरों पर आबद्ध है। 10 kNm का एक मरोड़ घूर्ण धुरे पर इस प्रकार कार्य कर रहा है कि यह 100 cm को 1 : 3 के अनुपात में बांटता है। मरोड़ घूर्ण कार्य करने वाले बिन्दु पर मरोड़ कोण और प्रतिबल ज्ञात करों । G = 80 kN/mm^2 मानियें।

(A solid shaft of 100 cm long and 50 mm diameter fixed at both ends. A torque of 10 kNm is subjected that way that divide 100 cm length in 1 : 3 ratio. Find angle of twist and stress at torque point).

(Take G = 80 kN/mm^2).

(**Ans.** θ = 0.0381 rad or 2.1°, q = 101.86N/mm^2).

अध्याय – 4

कमानी

4.1 भूमिका

कमानी वह प्रत्यास्थ अवयव होता है जो बल आरोपित होने पर विस्थापित हो जाता है तथा बल हटाने पर पुनः प्रारंभिक अवस्था ग्रहण कर लेता है। कमानी विकृति के कारण उत्पन्न ऊर्जा को अवशोषित करती है तथा जिस तरह से आवश्यकता हो कमानी अवशोषित ऊर्जा को उत्सर्जित करती है।

कमानी की दुर्नम्यता या कड़ापन (Stiffness of spring) वह भार है जिससे कमानी में इकाई विक्षेप (deflection) उत्पन्न हो।

कमानी यूं तो बहुत से आकार तथा प्रकार की होती है परन्तु हम इस अध्याय में परिवहन कमानी तथा कुण्डलीदार कमानी के संबंध में अध्ययन करेंगे।

4.2 परिवहन कमानी (Flat carriage spring)

4.2.1 परिवहन कमानी के उपयोग (Applications of Flat Carriage)

परिवहन कमानी को पतीदार कमानी (Leaf spring) तथा परतदार कमानी (Laminated spring) भी कहते है।

परिवहन कमानी के नाम से स्पष्ट है कि इनका उपयोग परिवहन साधनों जैसे – कार, ट्रक, रेलगाडियों आदि में किया जाता है। परिवहन साधनों के परिवहन के दौरान उत्पन्न कोई भी धक्का (Jerk, shock) या कम्पन (Vibration) पहियें द्वारा कमानी को तुरन्त स्थानान्तरित हो जाते है। जिससे की परिवहन साधनों (कार आदि) पर प्रभाव न पड़े।

4.2.2. परिवहन कमानी (Flat carriage spring)

ये कमानी समान चौड़ाई तथा मोटाई और विभिन्न लम्बाइयों की प्लेटों की बनी होती है। ये प्लेटें एक दूसरे के ऊपर रखी होती है। यह अर्द्ध वृताकार (semi-elliptical) कमानी सिरों पर भारित होती है तथा मध्य में टेक के सहारे होती है। चित्र 4.1 में इस प्रकार की कमानी दर्शायी गई है।

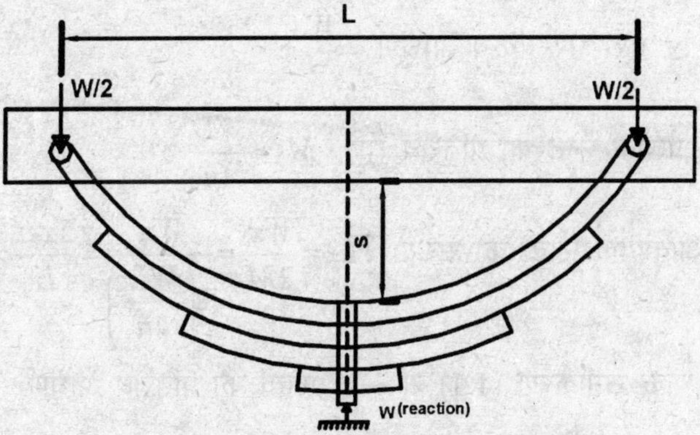

चित्र 4.1.

इस प्रकार की कमानी में चूंकि घर्षण नगण्य होता है, प्रत्येक प्लेट संलग्न प्लेट पर स्वतंत्रतापूर्वक सरक सकती है। इसके अतिरिक्त प्रत्येक प्लेट स्वयं की अक्ष के सापेक्ष एक ही त्रिज्या द्वारा स्वतंत्रतापूर्वक मुड़ी होती हे। जब इस कमानी पर भार आरोपित होता है तो सभी प्लेटें समतल हो जाती है तथा मध्य विक्षेप अदृश्य हो जाता है। अतः कमानी एक तरह से समान सामर्थ्य की धरन है।

अब, यदि L = कमानी की लम्बाई, b = प्रत्येक प्लेट की चौड़ाई, t = प्रत्येक प्लेट की मोटाई तथा n = प्लेटों की संख्या है तथा f = प्लेंट में सुरक्षित कार्यकारी प्रतिबल हो तो बंकन समीकरण से –

$$\frac{M}{I}=\frac{f}{y}$$

प्रत्येक प्लेट का प्रतिरोध आघूर्ण

$$M=\frac{fI}{y}=\frac{f\text{ x}\frac{bt^3}{12}}{t/2}=\frac{fbt^2}{6} \qquad (4.1)$$

मध्य में बंकन आघूर्ण = $\frac{wL}{4}$ (4.2)

$\therefore$ मध्य में आवश्यक प्लेटों की संख्या; $n=\frac{WL}{4M}$ (4.3)

किसी सिरे से x दूरी पर आवश्यक प्लेटों की संख्या –

x दूरी पर बंकन आघूर्ण $=\frac{W}{2}x$

प्रत्येक प्लेट का प्रतिरोध घूर्ण, $M=\frac{WL}{4n}$

$\therefore$ आवश्यक प्लेटों की संख्या $n_x=\frac{Wx}{2M}=\frac{Wx}{2\left(\frac{WL}{4n}\right)}=\frac{2xn}{L}$ (4.4)

अब चूंकि समीकरण (4.1) से – n प्लेटों का प्रतिरोध आघूर्ण

$$M=\frac{nfbt^2}{6} \quad (4.5)$$

अब समीकरण (4.2) व (4.5) को बराबर रखने पर

$$\frac{nfbt^2}{6}=\frac{WL}{4} \qquad \therefore f=\frac{3WL}{2nbt^2} \quad (4.6)$$

लेकिन $\frac{M}{I}=\frac{E}{R}$

$$\therefore \frac{1}{R}=\frac{M}{EI}=\frac{WL}{4E\frac{bt^3}{12}\text{x}n}=\frac{3WL}{Ebt^3n}=\text{Constant} \quad (4.7)$$

अतः प्लेटें समान त्रिज्या से मुड़ेगी।

मध्य विक्षेप $\delta=\frac{L^2}{8R}=\frac{L^2}{8}\text{x}\frac{3WL}{Enbt^3}$

$$\therefore \delta=\frac{3WL^3}{8Enbt^3} \quad (4.8)$$

कमानी में एकत्रित विकृति ऊर्जा $=\frac{1}{2}W\delta$

कमानी की दुर्नम्यता $= W/_{\delta}$

Q. 4.1 एक परिवहन कमानी 1000 mm लम्बी है तथा इसके मध्य में 10 KN का बिन्दु भार है। यदि मध्य में विक्षेप 25 mm तथा बंकन प्रतिबल 200 N/mm^2 से अधिक न हो तो प्लेटों की संख्या, उनकी चौड़ाई तथा मोटाई ज्ञात कीजिए। प्लेटें किस त्रिज्या पर मोड़ी जाए, यह भी ज्ञात कीजिए। प्लेटों की चौड़ाई = 12 गुना प्लेटों की मोटाई तथा $E = 2 \times 10^5\ N/mm^2$ मानियें।

(A carriage spring 1000 mm long is reqd. to carry a central point load of 10 kN. If central deflection is not to exceed 25 mm and bending stress is not to exceed 200 N/mm^2 determine the thickness, width and number of plates. Also compute the radius to which the plates should be curved. Assume width of plates = 12 times the thickness of plates and $E = 2 \times 10^5\ N/mm^2$.)

हल – दिया है – $L = 1000mm$; $W = 10{,}000N$

$f = 200N/mm^2$ $\delta = 25mm$

$b = 12t$ तथा $E = 2 \times 10^5 N/mm^2$

हम जानते है कि $f=\frac{3}{2}\frac{WL}{nbt^2}$ तथा $\delta=\frac{3}{8}\frac{WL^3}{Enbt^3}$

$$\therefore \delta = f \times \frac{L^2}{4Et} \qquad \therefore t=\frac{f.L^2}{4\delta E}=\frac{200\times1000^2}{4\times25\times2\times10^5}=10\ mm$$

अतः प्रत्येक प्लेट की मोटाई $t=10\,mm$ Ans.

प्रत्येक प्लेट की चौड़ाई $=12\times10=120\ mm$ Ans.

अतः प्लेटों की संख्या $n=\frac{3}{2}\frac{WL}{fbt^2}$

$$=\frac{3}{2}\frac{10000\times1000}{200\times120\times10^2}=6.25\approx 7\,plates$$ Ans.

अब हम जानते है कि $\delta = \frac{L^2}{8R}$

$$\therefore\ R = \frac{L^2}{8\delta} = \frac{1000^2}{8 \times 25} = 5000mm = 5m \qquad \text{Ans.}$$

Q. 4.2 एक परिवहन कमानी सात इस्पात की 70 mm चौड़ाई व 7 mm मोटाई की प्लेटों की बनी है। कमानी की लम्बाई ज्ञात कीजिए यदि इस पर 3000 N का केन्द्रीय भार हो तथा प्रतिबल 160 N/mm² से अधिक न हो। कमानी के मध्य में विक्षेप भी ज्ञात कीजिए। E = 2 x 10⁵ N/mm² मानियें।

(A carriage spring is to be made of seven steel plates of 70 mm wide and 7 mm thick. Calculate the length of the spring so that it may carry a central load of 3000 N the stress being limited to 160 N/mm². Calculate also the deflection at the centre of the spring. E = 2 x 10⁵ N/mm²)

हल – दिया है – n = 7; b=70mm; t = 7mm; W = 3,000N;

f = 160N/mm² ; l=?; δ = ?

हम जानते है कि $f = \frac{3}{2}\frac{Wl}{nbt^2}$

$$\therefore l = \frac{2fnbt^2}{3W} = \frac{2 \times 160 \times 7 \times 70 \times 7^2}{3 \times 3000} = 853.7mm \qquad \text{Ans.}$$

तथा अब मध्य विक्षेप

$$\delta = \frac{t^2}{4ET} = \frac{160\,x\,(853.7)^2}{4 \times 2 \times 10^5\,x\,7} = 20.82 \text{ mm} \qquad \text{Ans.}$$

Q. 4.3 एक पतीदार कमानी अर्द्ध दीर्घवृतीय प्रकार की है जो 8 mm x 80 mm अनुप्रस्थ काट की 9 प्लेटों को मिलाकर बनाई गई है। कमानी की लम्बाई 800 mm तथा इस्पात की प्लेटों का परीक्षण प्रतिबल 400 MN/m² है। वह त्रिज्या ज्ञात कीजिए जिससे आरंभ में प्लेटें मोड़ी जाए। परीक्षण भार का मान भी ज्ञात कीजिए। 200 N का भार किस ऊँचाई से गिराया जाए कि कमानी के परीक्षण प्रतिबल में बढ़ोतरी न हो। E = 2 x 10⁵ N/mm² मानिये।

(A leaf spring of semi elliptic type is built up with 9 leaves of 8 mm x 80 mm cross section. The length of spring is 800 mm and the leaves are of steel having proof stress of 400 MN/m². Determine to what radius should the leaves be initially bent? Also calculate the value of the proof load). (From what maximum height should a mass of 200 N fall without exceeding the proof stress in the leaves of the spring? Take E = 2 x 10⁵ N/mm²).

हल – दिया है – $f = 400\ MN/m^2 = 400\ N/mm^2$;

$$b = 80\ mm, \qquad t = 8\ mm$$

$$l = 800 mm, \qquad E = 2 \times 10^5 N/mm^2$$

हम जानते है कि $f/y = \frac{E}{R}$

$$\frac{400}{8/2} = \frac{2 x 10^5}{R}$$

$$\therefore\ R = \frac{2 x 10^5 x 4}{400} = 2000mm = 2m$$

अतः प्लेटें 2 m त्रिज्या से मोड़ी जायेगी। Ans.

अब, माना कि परीक्षण भार (Proof load) है

$$\therefore f = \frac{3}{2}\frac{Wl}{nbt^2} \text{ या } \therefore W = {2nfbt^2}/{3l}$$

अतः $W = \frac{2 x 9 x 400 x 80 x 8^2}{3 x 800} = 15360N$ Ans.

अब, विक्षेप δ होगा

$$\delta = \frac{3}{8}\frac{Wl^3}{Enbt^3} = \frac{3 x 15360 x 800^3}{8 x 2 x 10^5 x 9 x 80 x 8^3} = 40mm$$

अब माना कि भार h ऊँचाई से गिरता है तथा चूंकि गिरते भार के कारण बंकन प्रतिबल परीक्षण प्रतिबल से अधिक नहीं होना चाहिए। अतः गिरता हुआ भार कमानी में 40 mm का ही विक्षेप उत्पन्न करना चाहिए। इस स्थिति में –

गिरते हुए भार द्वारा किया गया कार्य = 15360 N द्वारा किया गया कार्य

$$200 \text{ x} (h+40) = \frac{15360}{2} \text{ x } 40$$

$$\therefore h = 1426mm = 1.49m \qquad \text{Ans.}$$

4.2.3 चौथाई दीर्घवृतीय कमानी (Quarter Elliptical spring)

इस तरह की कमानी को बाहुधरन परिवहन कमानी (Cantilever carriage spring) भी कहते है। चित्र 4.2 में इस तरह की कमानी दर्शाई गई है। इसका एक सिरा आबद्ध होता है जबकि दूसरा सिरा मुक्त होता है और बाहु धरन की तरह कार्य करता है।

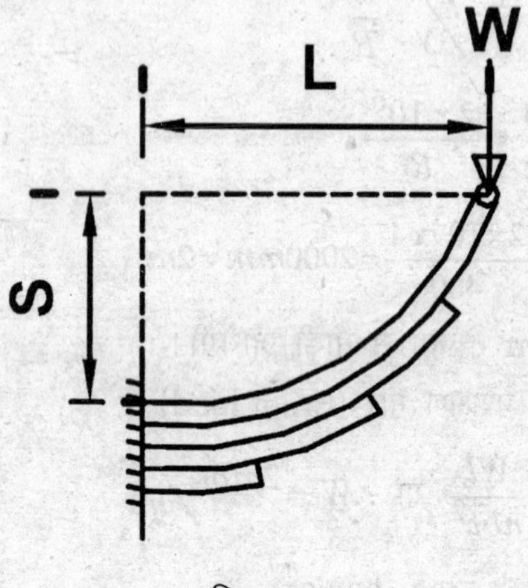

चित्र 4.2

इस प्रकार की कमानी का विश्लेषण बाहु धरन के सिद्धान्त पर किया जाता है।

यहां L = कमानी की लम्बाई, t = प्रत्येक प्लेट की मोटाई

b = प्रत्येक प्लेटे की चौड़ाई n = प्लेटों की संख्या

W = कमानी के मुक्त सिरे पर आरोपित भार

δ = कमानी का वास्तविक विक्षेप

हम जानते है कि कमानी के आबद्ध सिरे (fixed end) पर

अधिकतम बंकन घूर्ण M = WL (4.9)

एक प्लेट का प्रतिरोध घूर्ण $M_r = f\frac{I}{y} = f \times Z = f \times \frac{bt^2}{6}$

कुल n प्लेटों का प्रतिरोधक घूर्ण $M_r = \frac{nfbt^2}{6}$ 4.10

समीकरण (4.9) व (4.10) से –

$$WL = \frac{nfbt^2}{6} \text{ या } f = \frac{6WL}{nbt^2} \quad (4.11)$$

हम जानते है कि कमानी का विक्षेप $\delta = \frac{(2L)^2}{8R} = \frac{L^2}{2R}$

यहां R वक्रता त्रिज्या है।

$$\text{अब } \frac{f}{y} = \frac{E}{R} \text{ या } \frac{6WL}{nbt^2} \times \frac{2}{t} = \frac{E}{R}$$

$$\therefore \frac{1}{R} = \frac{12WL}{Enbt^3} \quad (4.12)$$

$$\therefore \text{विक्षेप } \delta = \frac{L^2}{2} \text{x} \frac{12WL}{Enbt^3} = \frac{6WL^3}{Enbt^3} \quad (4.13)$$

Q. 4.4 एक चौथाई–दीर्घवृतीय पतीदार कमानी 1 m लम्बी है जिस पर 10 kN का बिन्दु भार आरोपित है। यदि बंकन प्रतिबल तथा विक्षेप 350 N/mm^2 व 10 cm से अधिक न हो तो प्लेटों का उपर्युक्त आकार तथा संख्या ज्ञात कीजिए। प्लेटों की चौड़ाई = 8 गुना मोटाई तथा E = 2 x 10^5 N/mm^2 मानियें।

(A quarter-elliptical leaf spring 1 m long is subjected to a point load of 10 kN. It bending stress and deflection not to exceed 350 N/mm^2 and 10 cm respectively. Find the suitable size and number of plates required taking the width as 8 times the thickness. Take E = 2 x 10^5 N/mm^2).

हल – दिया है – L = 1000mm; W = 10KN = 1000N;

f = 350N/mm^2 δ = 10cm = 100mm

हम जानते है कि $f = \dfrac{6WL}{nbt^2}$

तथा $\delta = \dfrac{6WL^3}{Enbt^3}$ या $\delta = f.\dfrac{L^2}{Et}$

अतः $100 = \dfrac{350 \text{x} 1000^2}{2 \text{x} 10^5 \text{x} t}$ $\therefore t = 17.5mm$ Ans.

अब, प्लेटों की चौड़ाई, b = 8 x प्लेटों की मोटाई

b = 8t = 8 x 17.5 = 140 mm Ans.

$\therefore$ प्लेटों की संख्या, n

$$n = \frac{6WL}{fbt^2} = \frac{6 \text{x} 10 \text{x} 10^3 \text{x} 1000}{350 \text{x} 140 \text{x} 17.5^2} = 3.998 = 4\,no.$$ Ans.

Q. 4.5 एक बाहुधरन पतीदार कमानी की लम्बाई 0.5 m तथा यह 60 mm चौड़ाई तथा 6 mm मोटाई की 5 प्लेटों से बनी है। यदि अनुमत प्रतिबल 500 N/mm^2 से अधिक न हो तो (अ) भार, W (ब) सिरे का विक्षेप ज्ञात कीजिए। यदि भार W परीक्षण भार हो तो प्लेटों की प्रारंभिक त्रिज्या ज्ञात कीजिए – 200N का भार किस ऊँचाई से अविक्षेपित कमानी पर गिराया जाए कि अधिकतम प्रतिबल 400 N/mm^2 हो? E = 2 x 10^5 N/mm^2 मानियें।

(A cantilever leaf spring is length 0.5 m and consists of 5 plates each 60 mm wide and 6 mm thick. If the allowable bending stress in the leaves is 500 N/mm^2, find (a) the load W, (b) the end deflection. If the load so calculated in part (a) is the proof load, determine the initial radius in which the plates should be formed. From what height a mass of 200 N be dropped on to the undeflected spring to cause a maximum stress of 400 N/mm^2? E = 2 x 10^5 N/mm^2).

हल – दिया है L = 0.5 m = 500 mm; b = 60mm;

t = 6 mm; n = 5; f = 500N/mm^2

E = 2 x 10^5 N/mm^2

हम जानते है कि, $f = \frac{6WL}{nbt^2}$

अतः, $W = \frac{fnbt^2}{6L} = \frac{500 \times 5 \times 60 \times 6^2}{6 \times 500} = 1800N$ Ans.

(b) सिरे पर विक्षेप $\delta = \frac{fL^2}{Et} = \frac{500 \times 500^2}{2 \times 10^5 \times 6} = 104.16mm$ Ans.

अब, $R = \frac{L^2}{2\delta} = \frac{500^2}{2 \times 104.16} = 1200mm = 1.2m$

वह क्रमिक भार (gradually applied load) जिसके कारण 400 N/mm^2 की अधिकतम उत्पन्न हो।

$$W_g = \frac{400 \times 5 \times 60 \times 6^2}{6 \times 500} = 1440N$$

संगत विक्षेप $\delta = \frac{400 \times 500^2}{2 \times 10^5 \times 6} = 83.33mm$

∴गिरते हुए भार द्वारा किया गया कार्य = कृत्रिम भार द्वारा किया गया कार्य

$$200(h + 83.33) = \frac{1440}{2} \times 83.33 \qquad h = 216.658mm \quad \text{Ans.}$$

4.10. संवृत कुण्डलीदार कमानी (Close coiled helical spring)

अक्षीय भार (Axial load)

संवृत कुण्डलीदार कमानी में, कमानी के तार इस प्रकार कुण्डलीदार मोड़े जाते है कि प्रत्येक कुण्डली एक ही समतल में कमानी के अक्ष के लम्ब होती है तथा कमानी के तार ऐंठन (torsion) से आरोपित होते है। ऐंठन प्रतिबल की अपेक्षा बंकन प्रतिबल नगण्य होता है। यह वास्तव में ऐंठन कमानी होती है। चित्र 4.3 में दर्शायी गई संवृत कुण्डलीदार कमानी अक्षीय भार वहन करती है।

माना – d = कमानी का तार का व्यास

R = कमानी की कुण्डली की माध्य त्रिज्या

n = कुण्डलियों की संख्या

G = कमानी के पदार्थ की दृढ़ता गुणांक

W = कमानी पर अक्षीय भार

q = तार में उत्पन्न अधिकतम अपरूपण प्रतिबल

θ = कमानी के तार में मरोड़ कोण δ = कमानी का विक्षेप

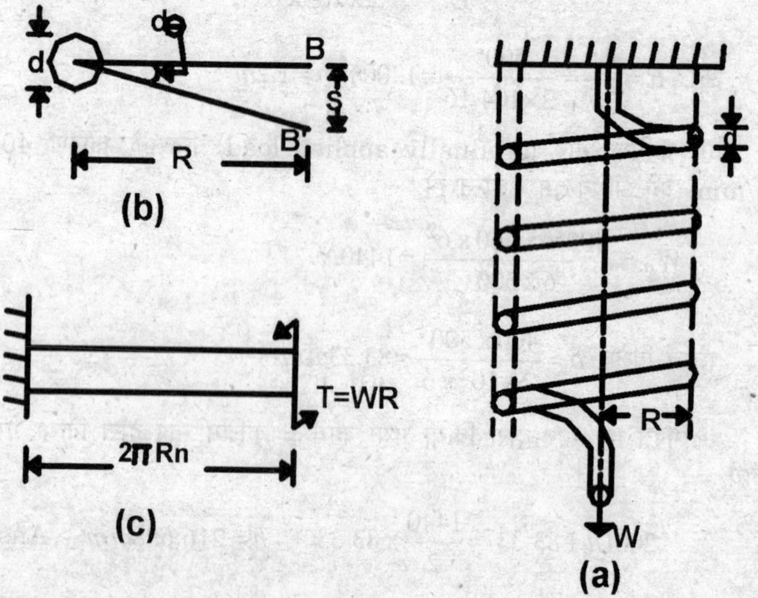

चित्र 4.3

जब भार W एक सिरें से जुड़ा है तथा अन्य सिरा स्थिर है तो मरोड़ घूर्ण T तार के प्रत्येक काट (section) में उत्पन्न होगा जिसका मान WR होगा। अतः मरोड़ समीकरण से अधिकतम अपरूपण प्रतिबल q

$$\frac{T}{J}=\frac{q}{y}=\frac{G\theta}{L} \qquad q=\frac{16T}{\pi d^3} \quad \text{(यहां T = WR)} \qquad (4.14)$$

अब मरोड़ समीकरण से, $\theta=\frac{TL}{GJ}$

यहां L = कमानी की लम्बाई = 2πRn (Fig. 4.3(c))

$$\therefore \theta = \frac{WR.2\pi Rn}{G.\frac{\pi}{32}d^4} \quad \theta = \frac{64WR^2n}{Gd^4} \qquad (4.15)$$

$$\therefore \text{ कमानी का विक्षेप, } \delta = R\theta = R\frac{64WR^2n}{Gd^4} = \frac{64WR^3n}{Gd^4} \qquad (4.16)$$

मरोड़ ऊर्जा $U = \frac{1}{2}W.\theta \quad = \frac{q^2}{4G}$ x आयतन

$$\therefore \text{ मरोड़ ऊर्जा / इकाई आयतन } = \frac{q^2}{4G} \qquad (4.17)$$

कमानी की दुर्नम्यता (Stiffness) $K = \frac{W}{\delta} = \frac{Gd^4}{64R^3n}$ (4.18)

4.10. श्रेणीबद्ध कमानी (Spring in series)

चित्र 4.4 में दो कमानी दर्शायी गई है जो श्रेणीबद्ध रूप में जुड़ी है तथा कमानी पर अक्षीय भार W आरोपित है।

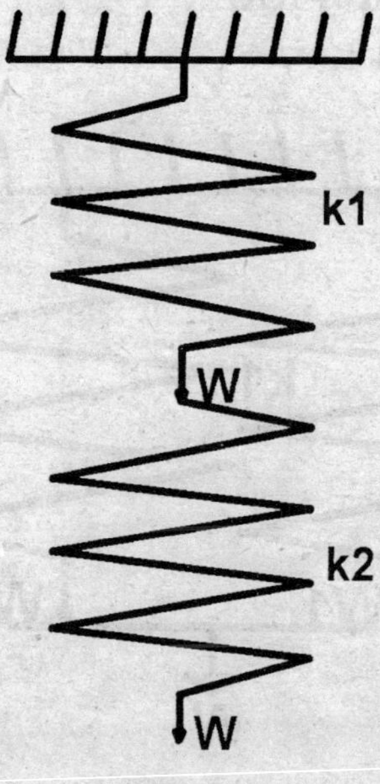

चित्र 4.4

K_1 तथा K_2 दोनों कमानी की दुर्नम्यता है। चित्र से यह स्पष्ट है कि दोनों कमानी समान W भार वहन करती है। माना δ, भार W के कारण कुल विक्षेप है।

$$\therefore \delta = \delta_1 + \delta_2 \tag{4.19}$$

जहां δ_1 व δ_2 कमानी में विक्षेप है जिनकी दुर्नम्यता क्रमशः K_1 व K_2 है।

माना K, संयुक्त कमानी की दुर्नम्यता है।

$$\text{अतः } \frac{W}{K} = \frac{W}{K_1} + \frac{W}{K_2} \qquad \therefore \frac{1}{K} = \frac{1}{K_1} + \frac{1}{K_2} \tag{4.20}$$

4.10. समानान्तर कमानी (Spring in Parallel)

चित्र 9.5 में दर्शायी गई दो कमानी जिनकी दुर्नभ्यता K_1 व K_2 है। समान्तर रूप से जुड़ी है। तथा इन पर W भार आरोपित है। यहां प्रत्येक कमानी में विक्षेप δ समान है।

अतः $W = W_1 + W_2$

$$\delta.K = \delta.K_1 + \delta.K_2$$

$$K = K_1 + K_2 \tag{4.21}$$

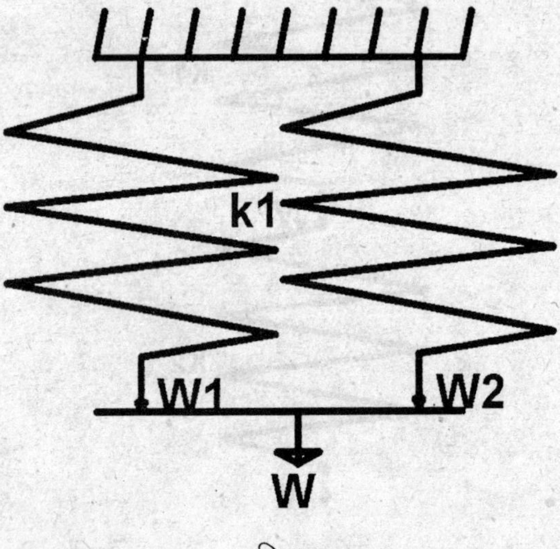

चित्र 4.5

4.6. एक संवृत कुण्डलीदार कमानी के तार का व्यास 10 mm है तथा कमानी का माध्य व्यास 100 mm है। कमानी में 15 कुण्डलियां है। कमानी पर 100 N का भार आरोपित है। ज्ञात कीजिए – (i) अधिकतम अपरूपण प्रतिबल (ii) विक्षेप तथा (iii) कमानी की दुर्नम्यता। दृढ़ता गुणांक $G = 8.16 \times 10^4$ N/mm^2 मानियें।

(A close coiled halical spring made of steel wire of 10 mm diameter has 15 coils and 100 mm mean diameter, the spring is subjected to an axial load of 100 N. Calculate (i) maximum shear stress induced (ii) the deflection and (iii) stiffness of spring. Take modulus of rigidity $G = 8.16 \times 10^4$ N/mm^2).

हल – दिया है – d = 10 mm, n = 15, D = 100 mm

$$\therefore R = 50 \text{ mm} \quad W = 100 \text{ N}$$

$$G = 8.16 \times 10^4 \text{ N/mm}^2$$

(i) अधिकतम अपरूपण प्रतिबल

माना अधिकतम अपरूपण प्रतिबल q है

$$\therefore T = q.\frac{\pi}{16}d^3 \text{ या } WR = q.\frac{\pi}{16}d^3 \quad (\because T = WR)$$

$$\therefore q = \frac{WR}{\frac{\pi}{16}d^3} = \frac{100 \times 50}{\frac{\pi}{16}10^3} = 25.46 N/mm^2 \qquad \text{Ans.}$$

(ii) विक्षेप, δ

$$\delta = \frac{64WR^3n}{Gd^4} = \frac{64 \times 100 \times 50^3 \times 15}{8.16 \times 10^4 \times 10^4} = 14.70 mm \qquad \text{Ans.}$$

(iii) कमानी की दुर्नम्यता

$$K = \frac{W}{\delta} = \frac{100}{14.7} = 6.80 N/mm \qquad \text{Ans.}$$

4.7 एक संवृत कुण्डलीदार कमानी का अभिकल्पन कीजिए। यदि कमानी की दुर्नम्यता 20 N/mm हो, अधिकतम अपरूपण प्रतिबल 80 N/mm^2 से अधिक न हो जबकि इस पर 500 N का भार आरोपित हो।

कुण्डली का व्यास, तार के व्यास का 10 गुना है। दृढ़ता गुणांक G = 8.4×10^4 N/mm^2 मानियें।

(Design a closely coiled helical spring of stiffness 20 N/mm. The maximum shear stress in the spring material is not to exceed 80 N/mm^2 under a load of 500 N. The diameter of the coil is to be 10 times the diameter of the wire. Take the rigidity modulus as 8.4×10^4 N/mm^2).

हल – दिया है – कमानी का दुर्नम्यता, K = 20N/mm

अधिकतम अपरूपण बल, $q = 80N/mm^2$

$D = 10d, \quad W = 500N$

तथा $G = 8.4 \times 10^4 N/mm^2$

तार का व्यास – $WR = \frac{\pi}{16} d^3 \times q$

$$EI\left(\frac{dy}{dx}\right)_B = 118.889 KN - m^2 \quad \therefore d = 12.61mm \approx 13mm(say)$$

कुण्डली का माध्य व्यास = 10 x 13 = 130 mm Ans.

अब हम मानते है कि कमानी की दुर्नम्यता, K

$$K = \frac{W}{\delta} \quad \text{या} \quad 20 = \frac{500}{\delta} \qquad \therefore \delta = \frac{500}{20} = 25mm$$

अब हम मानते है कि $\delta = \frac{64WR^3 n}{Gd^4} \qquad 25 = \frac{64 \times 500 \times 65^3 \times n}{8.4 \times 10^4 \times 13^4}$

कुण्डलियों की संख्या, $n = 6.825 \approx 7$ Ans.

Q 4.8. कमानी के दृढ़ता गुणांक का मान ज्ञात कीजिए यदि कमानी के तार का व्यास 6.4 mm माध्य व्यास 64 mm तथा 10 कुण्डलियां है। कमानी 700 N अक्षीय बल से 100 mm विक्षेपित होती है।

(Calculate the modulus of rigidity of a spring of 10 coils, 64 mm mean diameter and the wire of 6.4 mm diameter. The spring extends 100 mm under an axial force of 700 N).

हल – दिया है – $n = 10, \quad d = 6.4mm \quad D = 64mm$

$R = 32mm \quad W = 700N \quad \delta = 100mm$

निम्न सूत्र से – $\delta = \dfrac{64WR^3n}{Gd^4}$ $25 = \dfrac{64 \times 700 \times 32^3 \times 10}{G \times (6.4)^4}$

$\therefore G = 8.75 \times 10^4 N/mm^2$ Ans.

Q. 4.9 एक रेलवे बोगी का द्रव्यमान 5000 Kg. (5 tonne) है तथा यह 8 Km/hr से गति कर रही है, चार प्रतिरोधक कमानियों द्वारा विराम में लायी जाती है। जबकि अधिकतम अनुमत संपीड़न 250 mm हो। प्रत्येक कमानी में कुण्डलियों की संख्या ज्ञात कीजिए। यदि तार का व्यास 25 mm व कुण्डली का व्यास 150 mm है। G = $8.4 \times 10^4 N/mm^2$ मानियें।

(A railway wagon of mass 5000 kg and moving with a speed of 8 km/hr has to be stopped by 4 buffer springs in each of which the maximum compression allowed is 250 mm. Calculate the number of turns in each spring when diameter of the wire is 25 mm and that of coils 150 mm. G = 8.4×10^4 N/mm^2.

हल – रेल बोगी की गति $= \dfrac{8000}{3600} = 2.22 m/s$

रेल बोगी की गतिज ऊर्जा $= \dfrac{WV^2}{2}$

$= \dfrac{1}{2} \times 5000 \times (2.22)^2 = 12.345 \times 10^3$

प्रत्येक कमानी द्वारा ली गई ऊर्जा $= \dfrac{12.345 \times 10^3}{4} = 3.086 \times 10^3 J$

लेकिन अवशोषित ऊर्जा = कमानी द्वारा किया गया कार्य $= \dfrac{W_e}{2} \times \delta$

या $3.086 \times 10^3 = \dfrac{W_e}{2} \times 250 \times 10^{-3}$ $W_e = 24688N$

We वह भार है जो क्रमिक रूप से कमानियों द्वारा लिया जाता है तथा भार के कारण 250 mm का संपीड़न होता है।

परन्तु, $\delta = \dfrac{64W_eR^3n}{Gd^4}$ $250 = \dfrac{64 \times 24688 \times 15^3 n}{8.4 \times 10^4 \times 25^4}$

कुण्डलियों की संख्या, n = 12.3 ≈ 13 (Ans.)

4.10. संपीड़न की मात्रा तथा अधिकतम अपरूपण प्रतिबल ज्ञात कीजिए जब 0.15 टन का द्रव्यमान संवृत कुण्डलीदार कमानी पर 250 mm ऊँचाई से गिरता हो। कमानी में 20 कुण्डलियां है। प्रत्येक का व्यास 200 mm तथा तार का व्यास 25 mm है। G = 84KN/mm^2 मानियें।

(Determine the maximum shear stress and the amount of compression produced when a mass of 0.15 tonne is dropped axially on a close coiled helical spring, from a height of 250 mm. The spring has 20 coils each of mean diameter 200 mm and the wire diameter is 25 mm. Take G = 84 KN/mm^2.)

हल – माना संपीड़न की मात्रा δ है तथा We वह भार है जो क्रमिक रूप से कमानी पर उतना ही संपीड़न उत्पन्न करता है जितना कि 0.15 tonne का भार 250 mm की ऊँचाई से गिरकर करता है। अतः गिरते हुए भार द्वारा किया गया कार्य = We द्वारा किया गया कार्य

$$Mg(h+\delta) = \frac{W_e}{2} \times \delta$$

परन्तु $W_e = \dfrac{\delta G d^4}{64R^3n}$ अतः $Mg(h+\delta) = \dfrac{\delta^2 G d^4}{128R^3n}$

$$0.15 \times 10^3 \times 9.81\,(250+\delta) = \frac{\delta^2 \times 84 \times 10^3 \times 25^4}{128 \times 100^3 \times 20}$$

या $250+\delta = 8.71 \times 10^{-3}\delta^2$

$\delta^2 - 114.80503\delta + 28.701 \times 10^3 = 0$ $\therefore \delta = 236.27mm$

δ का मान W_e की समीकरण में रखने पर,

$$\therefore W_e = \frac{236.27 \times 84 \times 10^3 \times 25^4}{64 \times 100^3 \times 20} = 6056.72\text{N}$$

बल आघूर्ण T = We.R = 6056.72 x 100 = 605.672x10³N-mm

$$\therefore \text{ अपरूपण प्रतिबल } q = \frac{T}{\pi/16\, d^3} = \frac{605.672 \times 10^3}{\frac{\pi}{16} 25^3}$$

$$= 197.42 N/mm^2$$ Ans.

Q. 4.11. एक संयुक्त कमानी दो संवृत कुण्डलीदार कमानी से श्रेणीबद्ध रूप से बनी है। प्रत्येक कमानी की कुण्डली का माध्य व्यास तारों के व्यास का 10 गुना है। एक कमानी का तार का व्यास 5 mm तथा इस में 20 कुण्डलियां है। दूसरी कमानी के तार का व्यास ज्ञात कीजिए यदि इसमें 15 कुण्डलियां हो तथा संयुक्त कमानी की दुर्नम्यता 1K N/m है। अधिकतम अक्षीय भार तथा अधिकतम अपरूपण प्रतिबल 300 MN/m^2 के लिए संगत वृद्धि भी ज्ञात कीजिए। G = 80 MN/m^2 मानियें।

(A composite spring has two coiled springs in series. Each spring has a mean coil diameter 10 times its wire diameter. One spring has 20 coils of wire diameter 5 mm. Find, the diameter of the wire in the other spring, if it has 15 coils and the stiffness of the composite spring is 1 KN/m. Find, the greatest axial load that can be applied and the corresponding extension for the maximum shear stress of 300 MN/m^2. Take G = 80 MN/m^2.)

हल – दो कमानियों के श्रेणीबद्ध होने पर $\frac{1}{K} = \frac{1}{K_1} + \frac{1}{K_2}$

जहां K संयुक्त कमानी की दुर्नम्यता; K_1 कमानी 1 की दुर्नम्यता; तथा K_2 कमानी 2 की दुर्नम्यता है। परन्तु, हम जानते है कि –

$$\delta_1 = \frac{1}{K_1} = \frac{64 R_1^3 n_1}{G d_1^4} \quad \text{तथा} \quad \frac{1}{K_2} = \frac{64 R_2^3 n_2}{G d_2^4}$$

$$\therefore \frac{1}{1} = \frac{64 \text{x} (0.25)^3 \text{x} 20}{80 \text{x} 10^6 \text{x} (0.005)^4} + \frac{64 (5d_2)^3 \text{x} 15}{80 \text{x} 10^6 \text{x} d_2^4}$$

$$\therefore d_2 = 2.5 \text{x} 10^{-3} m$$

माना W वह भार है जो 300 MN/m² की अधिकतम अपरूपण प्रतिबल उत्पन्न करता है।

$$\therefore \text{ कमानी 1 के लिए, } W = \frac{q\pi d_1^3}{16R_1} = \frac{300 \times 10^6 \pi \times (0.005)^3}{16 \times (5 \times 0.005)}$$

$$W = 294.52N$$

$$\text{कमानी 2 के लिए} \quad W = \frac{q\pi d_2^3}{16R_2}$$

$$\therefore W = \frac{300 \times 10^6 \times \pi \times (0.0025)^3}{16 \times (5 \times 0.0025)} = 73.63N$$

अतः संयुक्त कमानी का अक्षीय भार = 73.63N Ans.

संयुक्त कमानी की वृद्धि $\delta = \frac{W}{K} = \frac{73.63}{1} = 73.63mm$ Ans.

$$\because (1KN/m = 1N/mm).$$

Q. 4.12 दो संवृत कुण्डलीदार कमानियां एक ही प्रकार के तार से बनायी गई है। लेकिन कुण्डली की त्रिज्याएं अलग–अलग है। तथा इसमें सिरें दो दृढ़ प्लेटों के मध्य संपीड़ित है प्रत्येक कमानी में उत्पन्न अधिकतम अपरूपण प्रतिबल ज्ञात कीजिए, यदि तार का व्यास 10 mm तथा दृढ़ प्लेटों के मध्य भार 1000 N है। कमानी के कुण्डली की त्रिज्याएं क्रमशः 75 mm तथा 100 mm है। तथा कुण्डलियों की संख्या समान है।

(Two close coiled helical springs wound from the same wire, but with different core radii are compressed between rigid plates at their ends. Calculate the maximum shear stress induced in each spring, if the wire diameter is 10 mm and the load applied between the rigid plates is 1000 N. The core radii of the springs are 75 mm and 100 mm and number of coils are equal in both the springs.)

हल – Given d = 10 mm no. of coils, $n_1 = n_2$

(त्रिज्या) $R_1 = 100$ mm $R_2 = 75$ mm W = 1000 N

हम जानते है कि, $\delta = \dfrac{64WR^3n}{Gd^4}$

$\therefore \delta_1 = \dfrac{64W_1 100^3 \times n_1}{Gd^4}$ इसी प्रकार $\delta_2 = \dfrac{64W_2 75^3 n_2}{Gd^4}$

अब, $\delta_1 = \delta_2$

$$\therefore \frac{64W_1 100^3 n_1}{Gd^4} = \frac{64W_2 75^3 n_2}{Gd^4}$$

$\therefore 100^3 \times W_1 = 75^3 \times W_2$ $\therefore \dfrac{W_1}{W_2} = \dfrac{75^3}{100^3} = 0.421875$

हम यह भी जानते है कि –

$W = W_1 + W_2$

$\therefore 1000 = 0.421875W_2 + W_2$ $\therefore W_2 = 699.91N$

तथा $W_1 = 300.08N$

अब निम्न सूत्र से – $T = \dfrac{\pi}{16} d^3.fs$

या $WR = \dfrac{\pi}{16} d^3 fs$ $(\because T = WR)$ या $fs = \dfrac{WR}{\pi/16\, d^3}$

$$fs_1 = \frac{300.08 \times 100}{\pi/16 \times 10^3} = 152.82N/mm^2$$

तथा $fs_2 = \dfrac{699.91 \times 75}{\pi/16 \times 10^3} = 267.34N/mm^2$

अतः अधिकतम अपरूपण प्रतिबल 267.43 N/mm² होगा Ans.

प्रश्नमाला 4

Q. 4.1 एक परिवहन कमानी 9 प्लेटों की बनी है जो प्रत्येक 80 mm चौड़ी तथा 8 mm मोटी है। कमानी की लम्बाई ज्ञात कीजिए यदि इस पर 4 KN का केन्द्रीय भार आरोपित हो। प्लेटों में प्रतिबल

150 N/mm^2 तक अनुमत है। केन्द्र पर विक्षेप भी ज्ञात कीजिए। $E = 2 \times 10^5 N/mm^2$ मानिये

(A carriage spring is built up of 9 plates each 80 mm wide and 8 mm thick. Find the length of the spring so that it may be able to carry a central load of 4 KN. The stress in the plates being limited to 150 N/mm^2. Find also the deflection of the spring at centre. Take $E = 2 \times 10^5 N/mm^2$.)

Ans. – L = 1.15m; δ = 31.10mm

Q. 4.2 एक परिवहन कमानी 1 m लम्बी है तथा इस पर 8 KN का केन्द्रीय भार आरोपित है। यदि केन्द्रीय विक्षेप 20 mm से अधिक न हो तथा बंकन प्रतिबल 200 N/mm^2 से अधिक न हो तो प्लेटों की संख्या, चौड़ाई तथा मोटाई ज्ञात कीजिए। यह भी ज्ञात कीजिए कि प्लेटे किस त्रिज्या से मोड़ी जाए, प्लेटों की चौड़ाई = 12 गुना मोटाई के तथा $E = 2 \times 10^5 N/mm^2$ मानिये।

(A carriage spring 1 m long is required to carry a central load of 8 KN. If the central deflection is not to exceed 20 mm and the bending stress is not to be greater than 200 N/mm^2, determine the thickness, width and number of plates. Also compute the radius to which plates could be bent, assume width of plates = 12 times their thikness. $E = 2 \times 10^5 N/mm^2$.)

(**Ans.** - t = 12.5mm, b = 50mm; R = 2.44 m and n =3)

Q. 4.3 एक पतीदार कमानी अर्द्ध दीर्घवृतीय प्रकार की है जो 75 mm चौड़ी 10 mm मोटी व 10 प्लेटों से मिलकर बनी है। कमानी की लम्बाई 1.2 m तथा इस्पात की प्लेटों का परीक्षण प्रतिबल 600 N/mm^2 है। प्रारंभ में प्लेटे किस त्रिज्या से मुड़ेगी? इस कमानी के केन्द्र में 50 Kg का द्रव्यमान किस ऊँचाई से गिराया जाए यदि उत्पन्न अधिकतम प्रतिबल परीक्षण प्रतिबल का आधा हो। ($E = 2 \times 10^5 N/mm^2$ मानिये।)

(A leaf spring of semi elliptic type has 10 plates each 75mm wide and 10mm thick. The length of spring is 1.2m and the plates are of steel having proof stress of 600N/mm^2. To what radius the plates initially bent? From what height should a mass of 50kg fall on the centre of spring, if the maximum stress induced is to be one half of proof stress? E = 2 x 10^5N/mm^2.)

Ans. – R = 1.667m ; h = 634mm

Q. 4.4 एक पतीदार कमानी चर्तुथीय दीर्घवृतीय प्रकार की तथा 600 mm लम्बी है जो कि 1960 N के सिरे के भार के कारण 75 mm तक विक्षेपित होती है। यदि प्लेटें 60 mm चौड़ी तथा 6 mm मोटी हो, तो प्लेटों की संख्या तथा अधिकतम प्रतिबल ज्ञात करों।

(A leaf spring of the quarter elliptical type 600mm long is providing a deflection of 75mm under an end load of 1960N. If the each plate is 60mm wide and 6mm thick, find the number of plates required and the maximum stress.)

Ans. - n = 13 & f = 252N/mm^2.

Q. 4.5 एक संवृत कुण्डलीदार कमानी 6mm व्यास की इस्पात की तार व 30mm प्रत्येक कुण्डली के व्यास से बनी है। वह अक्षीय भार, व विक्षेप ज्ञात कीजिए कि अधिकतम अपरूपण प्रतिबल 300N/mm^2 से अधिक न हो। G = 8 x 10^4N/mm^2। प्रत्येक कमानी में 8 कुण्डलियां है।

(A close coiled helical spring is made of 6 mm diameter steel wire, the mean diameter of each coil being 30 mm. Find what axial load may be applied and the corresponding deflection if the maximum shear stress is not to exceed 300 N/mm^2. G = 8 x 10^4N/mm^2. There are 8 coils in each spring.)

Ans. - W = 848.23N ; δ = 14.137mm

Q. 4.6 एक 30 KN ट्रक 5 KM/hr की गति से चलते हुए बफर द्वारा विश्रामावस्था में लाया जाता है। कमानियों की संख्या ज्ञात कीजिए प्रत्येक में 18 कुण्डलियां हो तथा जो 200 mm संपीड़न के दौरान ऊर्जा संग्रहीत कर सके। कमानी 25 mm व्यास के इस्पात की तार की तथा 240 mm कुण्डली के व्यास की है। G = 8.4 x 10^4 N/mm^2.

(A truck weighing 30 KN and moving at 5 kmph has to be brought to rest by a buffer. Find how many springs, each of 18 coils, will be required to store the energy of motion during a compression of 20 cm. The spring is made out of 25 mm diameter steel wire coiled to a mean diameter of 24 cm. G = 8.4 x 10^4 N/mm^2)

Ans. - No. of springs = 9

Q. 4.7 300 N का भार 0.7 m की ऊँचाई से एक संवृत कुण्डलीदार कमानी पर गिराया जाता है तो 200 mm का तात्कालिक संपीड़न उत्पन्न करता है। यदि कमानी का तार का व्यास 25 mm तथा कुण्डली की माध्य त्रिज्या 100 mm हो तो उत्पन्न अधिकतम तात्कालिक प्रतिबल तथा कमानी में कुण्डलियों की संख्या ज्ञात कीजिए। G = 8 x 10^4 N/mm^2 मानियें।

(A weight of 300 N is dropped from a height of 0.7m on to a closely coiled helical spring which instantaneously compresses by 200 mm under the impact. If the diameter of steel wire is 25 mm and the mean radius of the coil is 100 mm, find the maximum instantaneously stress induced by the impact and the number of coils in the spring. Take G = 8 x 10^4 N/mm^2)

Ans. – q = 87.97N/mm^2 & n = 3.617)

अध्याय – 5

पतले बेलनाकार व गोलाकार खोल
(Thin Cylinder and Spherical Shells)

5.1 भूमिका

बेलनाकार व गोलाकार खोल सामान्यतः मशीनों तथा रासायनिक कारखानों के अवयव होते है। इन खोलों में तरल (द्रव तथा गैस) संग्रहीत किये जाते है। इन खोलो पर आंतरिक तथा बाहरी दबाव होते है। पतले खोलों की दीवार की मोटाई इसके व्यास के अनुपात में बहुत छोटी होती है। प्रायः पतले खोलों में दीवार की मोटाई तथा व्यास का अनुपात $1/10$ से $1/15$ के मध्य रहता है।

यदि किसी खोल की दीवार की मोटाई व्यास के अनुपात में अधिक हो तो ये मोटे खोल (thick shells) कहलातें है।

पतले खोल की सम्पूर्ण मोटाई पर तरल का दबाव एक सार रहता है।

जबकि मोटे खोल पर तरल का दबाव खोल की भीतरी सतह पर अधिकतम व खोल की बाहरी सतह पर न्यूनतम होता है, तथा यह तरल दबाव एक तरह से परवलयिक (Parabolic) होता है।

5.2 पतले खोलो में प्रतिबल के प्रकार (Types of stresses in thin shells)

पतले खोल की आंतरिक सतह पर एक सार तरल दबाव के कारण निम्न प्रतिबल उत्पन्न होते हैं :–

1. चक्र या परिधि प्रतिबल (Hoop or Circumfrential Stress) : चक्र प्रतिबल वह प्रतिबल है जो परिधि के लम्बवत् कार्य करता है। चक्र प्रतिबल के कारण खोल स्फोट (bursting) में विफल हो जाता है। इसे f_1 से दर्शाया जाता है।

2. अनुदैर्ध्य प्रतिबल (Longitudinal Stress) : अनुदैर्ध्य प्रतिबल वह प्रतिबल है जो अनुदैर्ध्य अक्ष या बेलन के अक्ष के अनुदिश कार्य करता है। इसे f_2 से दर्शाया जाता है। जिसे चित्र 5.1 में दर्शाया गया है।

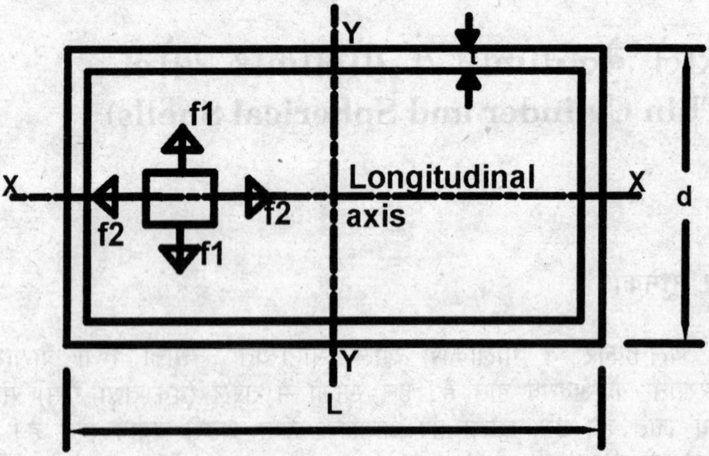

चित्र 5.1

3. अरीय प्रतिबल (Radial Stress) : ये प्रतिबल चक्र प्रतिबल की तुलना में नगण्य होते हैं। अतः पतले खोलो के अध्ययन में इस प्रतिबल को नगण्य लेते हैं।

जबकि मोटे खोलो (Thick shells) में यह प्रतिबल नगण्य नहीं होते हैं।

चित्र 5.1 में एक पतला बेलनाकार खोल दर्शाया गया है जिसका व्यास d व मोटाई t तथा लम्बाई L है। यह दोनों सिरों की तरफ से बंद है।

5.3 पतले बेलनाकार खोल (Thin Cylindrical Shell)

चित्र (5.2) में एक जोड़ रहित (Seam less) बेलनाकार खोल दर्शाया गया हैं जिसकी त्रिज्या r व व्यास d है। खोल की लम्बाई L है तथा मोटाई t है।

(i) चक्र प्रतिबल (hoop stress) f_1 – चित्र 5.2 (a) से अवयव $d\theta$ पर तरल का आंतरिक दबाव (P) निम्न होगा।

$$= p.r.\ d\theta.l = prl\ d\theta$$

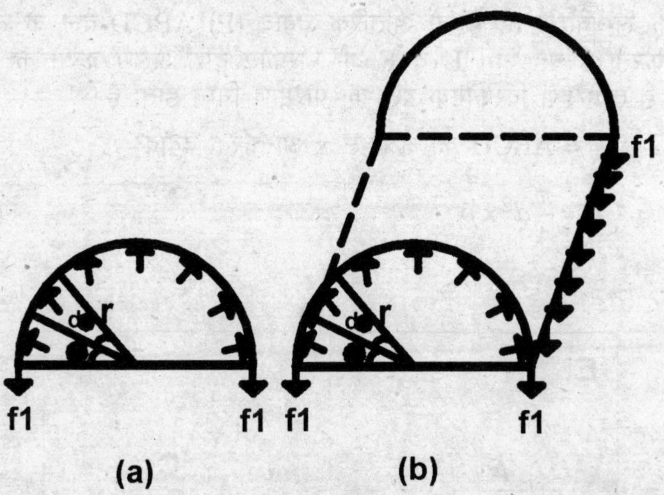

चित्र 5.2

अवयव के लम्बवत् विस्फोट बल होगा –

$$= prl \operatorname{Cos}\theta \, d\theta$$

$$\therefore \text{कुल विस्फोट बल } = \int_0^{\pi} prl\,Cos\theta.d\theta$$

$$= 2\int_0^{\pi/2} prl\,Cos\theta.d\theta \quad = 2prl(Sin\theta)_0^{\pi/2}$$

$$= 2prl = p.d.l. \qquad (5.1)$$

अतः कुल विस्फोट बल (Bursting Force) प्रक्षिप्त क्षेत्रफल तथा आंतरिक दबाव के गुणनफल के बराबर होता है।

विस्फोट बल का प्रतिरोध करने के लिए दीवार द्वारा लगाया गया प्रतिरोधी बल $= f_1 \, x \, t \, x \, l$

परन्तु वास्तव में दो दीवारें विस्फोट बल के विरोध में है।

अतः कुल प्रतिरोधी बल $= 2f_1 \, x \, t \, x \, l$ (5.2)

समीकरणों (5.1) व (5.2) को बराबर रखने पर –

$$2f_1 \, x \, t \, x \, l = p.d.l \quad \text{या} \quad f_1 = p.d/(2t) \qquad (5.3)$$

(ii) अनुदैर्ध्य प्रतिबल – चित्र 5-3 में दर्शाये अनुसार माना ABCD तल बेलन को E तथा F भागों में विभाजित करता है। यह तल अनुदैर्ध्य

अक्ष के लम्बवत होता है तो आंतरिक दबाव (P) ABCD तल के लम्बवत कार्य करता है वह भाग E व F को विस्फोट द्वारा अलग करने का प्रयास करता है तथा इस विस्फोटक बल का परिमाण निम्न होता है।

= ABCD का क्षेत्रफल x आन्तरिक दबाव

$$=\frac{\pi}{4}d^2 \text{x}\, p \qquad (5.4)$$

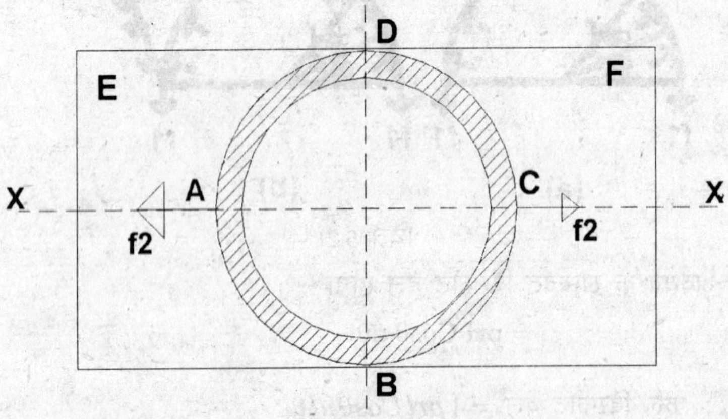

चित्र 5.3

इस विस्फोट बल को बेलन का क्षेत्रफल जो छायाकार भाग को दिखाया गया है, प्रतिरोध करता है।

क्षेत्रफल = बेलन की परिधि x बेलन की मोटाई $=\pi d \,\text{x}\, t$

$\therefore$ विस्फोटक बल का प्रतिरोधक बल $= f2 \,\text{x}\, \pi d \,\text{x}\, t$ (5.5)

समीकरणों (5.4) व (5.5) को बराबर रखने पर,

$$\pi/4\ (d^2) \text{x}\ p = f_2 \text{ x } \pi d \text{ x } t$$

$$f_2 = (p.d)/(4t) \qquad (5.6)$$

इस प्रकार, अनुदैर्ध्य प्रतिबल चक्र प्रतिबल का आधा होता है।

5.4. रिवेटेड बेलन (Riveted Cylinders)

अनुच्छेद 5.3 में जोड़ रहित बेलन का अध्ययन किया है, जबकि वास्तविक व्यवहार में बड़े बेलनाकार खोलों को बनाने के लिए रिवेट जोड़

उपयोग किया जाता है। ये रिवेट जोड़ दो प्रकार के होते है। (1) अनुदैर्ध्य जोड़ तथा (2) परिधिय जोड़। वास्तविकता में, बेलनाकार खोल बनाने के लिए मुड़ी हुई प्लेटों को अनुदैर्ध्य रिवेट जोड़ से जोड़ते है जिससे बेलन का आवश्यक व्यास प्राप्त किया जा सके। जबकि खोल की आवश्यक लम्बाई प्राप्त करने के लिए चित्र (5.4) में दर्शाये अनुसार परिधिय रिवेट जोड़ उपयोग में लिये जाते है।

माना $\eta_1 =$ परिधिय रिवेट जोड़ की दक्षता

तथा $\eta_2 =$ अनुदैर्ध्य रिवेट जोड़ की दक्षता

अब, चक्र प्रतिबल निम्न सूत्र से दिया जाता है; $f1 = \dfrac{p.d.}{2.t.\eta_2}$ (5.7)

तथा अनुदैर्ध्य प्रतिबल निम्न सूत्र से दिया जाता है $f2 = \dfrac{p.d.}{4.t.\eta_1}$ (5.8)

समीकरणों (5.7) व (5.8) से यह स्पष्ट होता है कि अनुदैर्ध्य जोड़ की दक्षता चक्र प्रतिबल को तथा परिधिय जोड़ की दक्षता अनुदैर्ध्य प्रतिबल को प्रभावित करती है।

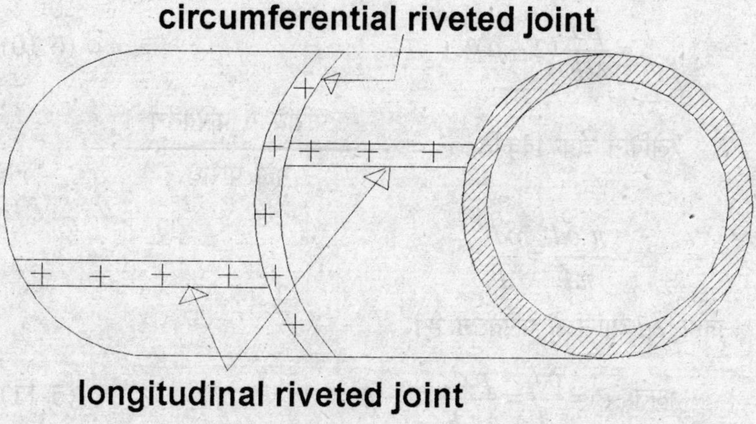

चित्र 5.4

5.5 अपरूपण प्रतिबल की अधिकतम तीव्रता (Maximum Intensity of shear stress)

समीकरण (5.3) से (5.6) से

$$f_1=\frac{pd}{2.t} \text{ तथा } f_2=\frac{pd}{4.t}$$

ये दोनों प्रतिबल (f_1 & f_2) तनाव की प्रकृति के होते है तथा एक दूसरे के लम्बवत होते है।

∴ अधिकतम अपरूपण प्रतिबल

$$\tau_{max} = (f_1 - f_2)/2 = (pd/2t - pd/4t)/2$$

$$\tau_{max} = pd/8t \qquad (5.9)$$

5.6 बेलन के आयतन में परिवर्तन (Changes in Volume of a Cylinder)

माना μ = पाईसा अनुपात (Poisson's Ratio)

e_1 = परिधिय या चक्र विकृति (circumferential or hoop strain)

तथा e_2 = अनुदैर्ध्य (longitudinal) विकृति

अतः चक्र विकृति, $e_1=\frac{f_1}{E}-\mu\frac{f_2}{E} = \frac{pd}{2tE}-\mu\frac{pd}{4tE}$

$$=\frac{pd}{4tE}(2-\mu) \qquad (5.10)$$

लेकिन चक्र विकृति, $e_1 = \dfrac{\text{परिधि में परिवर्तन}}{\text{मूल परिधि}}$

$$=\frac{\pi.\delta d}{\pi d}=\frac{\delta d}{d}$$

जहां δd व्यास में परिवर्तन है।

$$\text{अतः } e_1=\frac{\delta d}{d}=\frac{p.d.}{4.t.E.}(2-\mu) \qquad (5\text{-}11)$$

अब अनुदैर्ध्य विकृति $e_2=\frac{\delta L}{L}=\frac{f_2}{E}-\mu\frac{f_1}{E}$

$$e_2=\frac{pd}{4.t.E}-\mu\frac{pd}{2t.E} = \frac{pd}{4tE}(1-2\mu) \qquad (5.12)$$

अब आयतन विकृति

e_v = सभी अक्षों पर विकृतियों का बीजीय योग

= अनदैर्ध्य विकृति + 2 x परिधिय या चक्र विकृति

$= e_2 + 2e_1$

$$e_v = \frac{pd}{4tE}(1-2\mu) + \frac{2pd}{4tE}(2-\mu)$$

या $e_v = \frac{pd}{4tE}(1-2\mu+4-2\mu)$

या $e_v = \frac{pd}{4tE}(5-4\mu)$ (5.13)

हम जानते है कि $e_v = \frac{\delta V}{V}$

जहां δV = आयतन में परिवर्तन

तथा V = प्रारंभिक आयतन

अतः $\frac{\delta V}{V} = \frac{pd}{4tE}(5-4\mu)$

$$\delta V = \left[\frac{pd}{4tE}(5-4\mu)\right] \text{x} V \tag{5.14}$$

समीकरण (5.14) से आयतन में परिवर्तन ज्ञात करते है।

Q. 5.1. एक बेलनाकार पाइप का व्यास 2.7 m तथा मौटाई 15 cm है। इस पाइप पर 100 N/mm² का आंतरिक दबाव आता है। ज्ञात कीजिए – (a) अनुदैर्ध्य प्रतिबल तथा (b) चक्र प्रतिबल

A cylindrical pipe of diameter 2.7 m and thickness 15 cm is subjected to an internal pressure of 100 N/mm². Determine longitudinal stress & circumferential stress. (Hoop stress)

हल – दिया है – $P = 100 N/mm^2$ $t = 15cm = 150mm$

तथा d = 2.7m = 2700mm

$$\therefore t/d = \frac{15}{270} = \frac{1}{18} < \frac{1}{15}$$ अतः यह पतला बेलन है।

(a) चक्र प्रतिबल (Hoop stress)

$$f_1 = \frac{p.d.}{2t} = \frac{100 \times 2700}{2 \times 150} = 900 N/mm^2$$ Ans.

(b) अनुदैर्ध्य प्रतिबल (longitindinal stress)

$$f_2 = \frac{p.d.}{4t} = \frac{100 \times 270}{4 \times 150} \qquad f_2 = 450 N/mm^2$$ Ans.

Q. 5.2 एक गैस के बेलनाकार खोल का आन्तरिक व्यास 2.0 m है तथा यह 4 cm मोटा है। बेलनाकार खोल में गैस अनुमत दाब ज्ञात कीजिए यदि पद्वार्थ में तनाव प्रतिबल 1.2N/mm^2 से अधिक न हो।

(A gas cylinder of internal diameter 2.0m is 4cm thick. Find the allowable pressure of the gas inside the cylinder, if the tensile stress in the material is not to exceed 1.2 N/mm^2)

हल – दिया है – d = 2 m = 2000 mm

t = 4 cm = 40 mm

चक्र प्रतिबल तथा अनुदैर्ध्य प्रतिबल दोनों की ही प्रकृति तनाव की है। अतः दोनों ही तनाव प्रतिबल है। लेकिन चक्र प्रतिबल अनुदैर्ध्य प्रतिबल का दुगुना होता है। अतः अधिकतम प्रतिबल चक्र प्रतिबल के बराबर होगा।

अतः f_1 = चक्र प्रतिबल (Hoop stress) $= 1.2 N/mm^2$

समीकरण (5.3) से

$$f_1 = \frac{p.d.}{2t} \; ; \quad 1.2 = \frac{p.x.2000}{2 \times 40}$$

$$\therefore p = 0.048 N/mm^2$$ Ans.

Q. 5.3. एक जोड़रहित पाईप का व्यास 1 m है तथा इसमें पानी 100 m के दाब से बह रहा है। यदि पानी का एकांक भार 10,000 N/m^3 हो तो पाईप के पदार्थ की आवश्यक मोटाई ज्ञात करों यदि अधिकतम अनुमत प्रतिबल 20 N/mm^2 हो।

(A seamless pipe of 1m diameter carrying water at a pressure head of 100 m. If the unit weight of water is 10,000 N/m³, find the thickness of the metal required for the pipe, if the maximum allowable stress is 20 N/mm².)

हल–दिया है $d = 1m = 1000mm, t = ?, \gamma = 10000 N/m^3$, h= 100m

$$p = \gamma h$$

पाईप में पानी का दाब, $p = 1 \times 10^6 \text{ N/m}^2 = 1 \text{ N/mm}^2$

अधिकतम प्रतिबल $f_1 = \frac{p.d.}{2.t} \qquad 20 = \frac{1 \times 1000}{2 \times t}$

$$t = 25mm \qquad \text{(Ans.)}$$

Q. 5.4. एक रिवेटेड बॉयलर खोल का व्यास 2.0m है जिसका 1N/mm² दाब के लिए अभिकल्पन (design) करना है। यदि अनुदैर्ध्य जोड़ की दक्षता 65 प्रतिशत तथा परिधिय जोड़ की दक्षता 45 प्रतिशत हो तो प्लेटों की आवश्यक मोटाई ज्ञात करों। प्लेटों में अनुमत प्रतिबल 125 N/mm² लीजिए।

(A riveted boiler shell of 2.0 m diameter and is tobe designed to with stand a pressure of 1 N/mm². If the efficiency of longitndinal joints is 65% and that of circumfe-rential joints is 45%, determine thickness of plates required. Take permissible stress is plates as 125N/mm².)

हल – दिया है $-P = 1N/mm^2 \quad d = 2.0m = 2000mm$

$\eta_1 = 45\% = 0.45 \qquad \eta_2 = 65\% = 0.65,$

$f_1 = f_2 = 125 N/mm^2$

समीकरण (5.7) से –

$$f_1 = \frac{p.d.}{2.t.\eta_2} \qquad 125 = \frac{1 \times 2000}{2 \times t \times 0.65} \qquad \therefore t = 12.3mm$$

समीकरण (5.8) से $f_2 = \frac{p.d.}{4.t.\eta_1} \qquad 125 = \frac{1 \times 2000}{4 \times t \times 0.45}$

$$t = 8.87mm$$

अतः आवश्यक न्यूनतम मोटाई = 12.3 mm Ans.

Q. 5.5. 20 mm मोटाई की प्लेटों का एक बॉयलर का खोल 2 N/mm² के आतंरिक दाब का प्रतिरोध करता है। यदि प्लेटों में अनुमत प्रतिबल 120 N/mm² हो तथा अनुदैर्ध्य व परिधीय जोड़ों की दक्षताएं क्रमशः 70 प्रतिशत व 40 प्रतिशत हो तो बॉयल का अधिकतम व्यास ज्ञात करों।

(A boiler shell is to be made of 20 mm thick plates to resist internal pressure of 2 N/mm², if the permissible stress in plates is 120 N/mm² and efficiencies of longitudinal and circumferential joints are 70% and 40% respectively then determine the largest diameter of the boiler.)

हल–दिया हैं– $P = 2N/mm^2 \quad \eta_1 = 0.4 \,\&\, \eta_2 = 0.7 \quad t = 20mm$

$$f1 = f2 = 120\,N/mm^2$$

सर्वप्रथम, अनुमत प्रतिबल = चक्र प्रतिबल (f_1)

∴ समी. (5.7) सें – $f_1 = \dfrac{p.d.}{2.t.\eta_2}$

$$120 = \frac{2\text{x}d}{2\text{x}20\text{x}0.7} \quad \Rightarrow d = 1680mm$$

अब, अनुमत प्रतिबल = अनुदैर्ध्य प्रतिबल

∴ समी. (5.8) से – $f_2 = \dfrac{p.d.}{4t\eta_1}$

$$120 = \frac{2\text{x}d}{4\text{x}20\text{x}0.4} \quad \Rightarrow d = 1920mm$$

अतः अधिकतम आवश्यक व्यास दोनों व्यासों में से कम वाला होता है।

अतः d = 1680 mm **Ans.**

Q. 5.6 एक बेलनाकार खोल 4 m लम्बा, 1.2 m आन्तरिक व्यास तथा 20 mm मोटाई का है। चक्र प्रतिबल अनुदैर्ध्य प्रतिबल, अधिकतम अपरूपण प्रतिबल, व्यास तथा लम्बाई में परिवर्तन तथा आयतन में परिवर्तन ज्ञात कीजिए। यदि यह 2.0 N/mm² के आन्तरिक दबाव से आरोपित हो।

$E = 2\text{x}10^5 N/mm^2$ तथा $\mu =$ पाईसां अनुपात = 0.25 मानिये

(A cylindrical shell is 4 m long and is having 1.2 m internal diameter and 20 mm thickness. Determine the hoop stress, longitudinal stress, maximum shear stress, changes in dimensions of the shell and change in volume of the shell, if it is subjected to an internal pressure of 2.0 N/mm². Take E = 2 x 10⁵ N/mm² and $\mu = 0.25$)

हल – दिया है – $l = 4m = 4000mm$

$$d = 1.2m = 1200mm, \quad t = 20mm$$

$$p = 2\times10^5 N/mm^2 \text{ and } \mu = 0.25$$

अतः चक्र प्रतिबल, $f_1 = \frac{p.d.}{2t}$.

$$\therefore f_1 = \frac{2 \times 1200}{2 \times 20} = 60N/mm^2 \qquad \text{Ans.}$$

और अनुदैर्ध्य प्रतिबल, $f_2 = \frac{p.d.}{4t} = \frac{2 \times 1200}{4 \times 20}$

$$\therefore f_2 = 30N/mm^2 \qquad \text{Ans.}$$

हम जानते है कि अधिकतम अपरूपण प्रतिबल

$$\tau_{max} = \frac{f_1 - f_2}{2} = \frac{60-30}{2} \qquad \tau_{max} = 15N/mm^2 \qquad \text{Ans.}$$

अब व्यास में परिवर्तन, $\frac{\delta d}{d} = \frac{p.d.}{4tE}(2-\mu)$

$$\frac{\delta d}{d} = \frac{2 \times 1200}{4 \times 20 \times 2 \times 10^5}(2-0.25)$$

$$e_1 = \delta d/d = 2.625 \times 10^{-4}$$

$$\therefore \delta d = 2.625 \times 10^{-4} \times 1200 = 0.315mm \qquad \text{Ans.}$$

अब लम्बाई में परिवर्तन, (δL) $\quad \therefore e_2 = \frac{\delta L}{L} = \frac{p.d.}{4tE}(1-2\mu)$

$$\therefore e_2 = \frac{\delta L}{L} = \frac{2 \times 1200(1-2 \times 0.25)}{4 \times 20 \times 2 \times 10^5}$$

$$\therefore e2 = \frac{\delta L}{L} = 7.5 \times 10^{-5} \times 4000 = 0.30 mm$$ Ans.

तथा आयतन में परिवर्तन, δV

$\delta V/V = e_v = 2e_1 + e_2$

$\delta V/V = 2 \times 2.625 \times 10^{-4} + 7.5 \times 10^{-5} = 6 \times 10^{-4}$

$\delta V = 6 \times 10^{-4} \times (\pi \times 600^2 \times 4000)$

$\delta V = 2714336.1\ mm^3$ Ans.

5.7. पतले गोलकार खोल (Thin Spherical Shells)

चित्र (5.5) में जोड़ रहित पतला गोलाकार खोल दर्शाया गया है जिस पर आन्तरिक दबाव आता है।

माना – p = आन्तरिक दबाव, d = खोल का व्यास,

t = खोल की मोटाई, f_1 = खोल पदार्थ का चक्र प्रतिबल

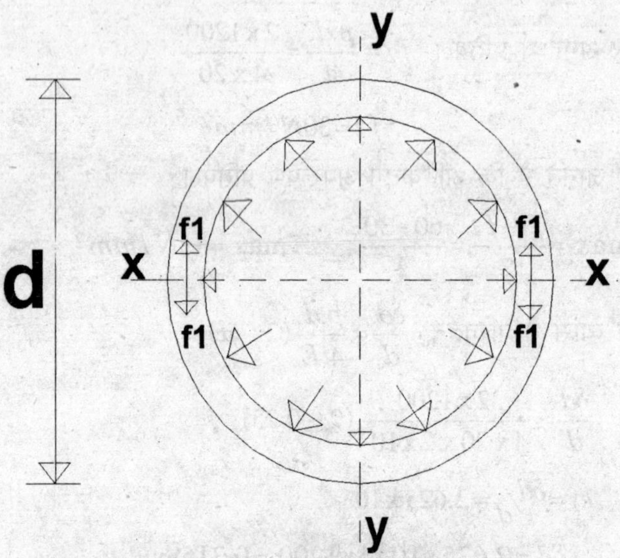

चित्र 5.5

काट (**x** - **x**) जो खोल के केन्द्र से गुजरता है, लेने पर **x – x** काट पर उर्ध्वाधर विस्फोटक बल लगता है जो इस काट (**x – x**) से गोल खोल को पृथक करता है। अतः केन्द्र पर कार्यरत विस्फोटक बल होगा।

= आन्तरिक दबाव x क्षेत्रफल

$$= p \times \pi/_4 d^2 \tag{5.15}$$

अब विस्फोटक बल के कारण खोल के पदार्थ में प्रतिरोधक बल उत्पन्न होता है।

प्रतिरोधक बल = f_1 x प्रतिरोधक बल की अनुप्रस्थ काट क्षेत्रफल

$$= f_1 \times \pi d \times t \tag{5.16}$$

समीकरणों (5.15) तथा (5.16) को बराबर करने पर,

$$f_1 \times \pi dt = p.\frac{\pi}{4}d^2 \quad \text{या} \quad f_1 = \frac{p.d.}{4.t} \tag{5.17}$$

इसी प्रकार, अन्य काट जैसे **y-y** को ले तो भी यह $pd/_{4t}$ प्रतिबल ही देता है। अतः गोलाकार खोल में चक्र व अनुदैर्ध्य प्रतिबल $pd/_{4t}$ के बराबर होता है।

चूंकि चक्र प्रतिबल f_1 व अनुदैर्ध्य प्रतिबल f_2 समान तथा इनकी प्रकृति भी समान है अतः इनके खोल में कोई अपरूपण प्रतिबल (**shear stress**) उत्पन्न नहीं होता है।

यदि गोलाकार खोल रिवेटेड तथा रिवेट जोड़ की दक्षता η हो तो चक्र प्रतिबल तथा अनुदैर्ध्य प्रतिबल निम्न सूत्र से दिये जाते है।

$$f_1 = f_2 = f = \frac{pd}{4t\eta} \tag{5.18}$$

5.8 पतले गोलाकार खोल के आयतन में परिवर्तन

चूंकि पतले गोलाकार खोल की प्रत्येक अक्ष के सापेक्ष तनाव प्रतिबल $pd/_{4t}$ है। अतः प्रत्येक अक्ष के सापेक्ष विकृति भी समान होगी। इस प्रकार किसी एक दिशा में विकृति

$$e = f/_E - \mu f/_E \quad (\because f_1 = f_2 = f) \quad = f/_E (1-\mu)$$

परन्तु $e = \dfrac{\delta d}{d}$

अतः $\frac{\delta d}{d} = f/_{E}(1-\mu)$ (5.19)

अब आयतन विकृति, e_v

$e_v = e_x + e_y + e_z$ $\because (e_x = e_y = e_z = e)$

$e_v = e + e + e = 3e$

$e_v = \frac{3pd}{4tE}(1-\mu)$ $\because e_v = \frac{\delta V}{V}$

अतः $\frac{\delta V}{V} = \frac{3pd}{4tE}(1-\mu)$

$$\delta V = \left[\frac{3pd}{4Et}(1-\mu)\right] x V \quad (5.20)$$

समीकरण (5.20) से आयतन में परिवर्तन ज्ञात करते है।

Q. 5.7 1 m व्यास का गोलाकार खोल जिस पर 2N/mm² का आन्तरिक दबाव आता है। प्लेटों की आवश्यक मोटाई ज्ञात कीजिए। यदि अधिकतम प्रतिबल 80 N/mm² से अधिक न हो। जोड़ की दक्षता 70 प्रतिशत मानिये।

(A spherical shell of diameter 1m and spherical shell is subjected to an internal pressure of 2N/mm². Find the thickness of metal plates required, if maximum stress is not to exceed 80N/mm². Take efficiency of joint 70%.)

हल – समीकरण (5.18) से –

$$f = \frac{pd}{4t\eta} \Rightarrow 80 = \frac{2\times1000}{4\times t\times0.7}$$

$\Rightarrow t = 8.93mm$ Ans.

Q. 5.8 एक जोड़ रहित गोलाकार खोल 2 m आन्तरिक व्यास का तथा 10 mm मोटाई का है। इसमें दबाव से तरल भरा जाता है जब तक कि आयतन 400 cm³ बढ़ जाए। तरल खोल पर लगाया गया आन्तरिक दाब ज्ञात करो। $E = 2x10^5 N/mm^2$ तथा पदार्थ के लिए μ = 0.3 मानिए

A seamless spherical shell of 2 m internal diameter and 10mm thick is filled width a fluid under pressure until its volume increases by 400 cm^3. Calculate the pressure exerted by the fluid on the shell. Take E = 2.0 x $10^5 N/mm^2$ and $\mu = 0.3$ for the material.

हल – दिया है –

$$d = 2m = 2000mm\ ,\ t = 10mm$$

$$\delta V = 400cm^3 = 4\times10^5 mm^3\ ,\ \mu = 0.3$$

$$E = 2\text{x}10^5 N/mm^2\ ,\ p = ?$$

अतः खोल का आयतन

$$V = (\pi/4)\, d^3 = 4.188 \times 10^9\ mm^3$$

$$\delta V = 4 \times 10^5\ mm^3$$

अत; $\delta V/V = (4 \times 10^5)/(4.188 \times 10^9) = 9.549 \times 10^{-5}$

लेकिन $\frac{\delta V}{V} = 3e$

अतः $e = \frac{\delta V / V}{3}$

$$e = (9.549\text{x}10^{-5})/3 = 3.183\text{x}10^{-5}$$

अतः $e = \frac{f}{E} - \mu f/E$

$$e \times E = f(1-\mu)$$

$$f = \frac{e.E}{(1-\mu)} = \frac{3.183\times10^{-5}\times2\times10^5}{(1-0.3)} = 9.09 N/mm^2$$

हम जानते है कि $f = \frac{pd}{4t}$

$$\therefore p = \frac{4.t.f}{d} = 0.1818 N/mm^2$$ (Ans.)

प्रश्नमाला 5

Q. 5.1 पानी के पाईप का व्यास 3 m तथा मोटाई 3 cm है। यह पाईप 3 N/mm^2 आतंरिक दबाव वहन करता है। चक्र प्रतिबल तथा अनुदैर्ध्य प्रतिबल की गणना कीजिए।

A water pipe of 3m diameter and 3 cm thick is subjected to an internal pressure of $3N/mm^2$. Calculate the hoop stress and longitudinal stress induced in the pipe.

(**Ans.** – $f_1 = 150N/mm^2$ & $f_2 = 75N/mm^2$)

Q. 5.2 पानी का पाईप 1.5 m व्यास का है तथा इसमें 150m के दबाव से पानी बह रहा है। पानी के पाईप की मोटाई ज्ञात कीजिए यदि पानी के पदार्थ में अनुमत प्रतिबल 150 N/mm^2 है। पानी का एकांक भार 10,000 N/m^3 है।

A water pipe of 1.5m diameter is required to convey water under a head of 150m. Determine the thickness of the waterpipe, if the allowable stress in the pipe material is $150N/mm^2$. Unit weight of water = $10{,}000N/m^3$

(**Ans.** – t = 7.5 mm)

Q. 5.3 एक पतला बेलनाकार खोल 3 m लम्बा तथा 1.5 m व्यास का है। लम्बाई, मोटाई तथा आयतन में परिवर्तन ज्ञात कीजिए यदि खोल की मोटाई 30 mm है तथा यह 30 N/mm^2 का आतंरिक दबाव वहन करता है।

$E = 2 \times 10^5 N/mm^2$ तथा $\mu = 0.3$ मानिये।

(A thin cylindrical shell 3m long and of 1.5m diameter. Determine the changes in length, diameter and volume, if the thickness of the shell is 30mm and is subjected to an internal pressure of $30N/mm^2$)

Take $E = 2 \times 10^5 N/mm^2$ & $\mu = 0.3$

(**Ans.** $\delta d = 4.78mm$ & $\delta L = 2.25mm$ & $\delta V = 37.77 \times 10^6 mm^3$)

Q. 5.4. 2.5 m लम्बे तथा 1.25 m व्यास के बॉयलर खोल के आयतन में परिवर्तन ज्ञात कीजिए। जबकि यह 1.5 N/mm^2 का आन्तरिक दबाव वहन करता है। दीवार की मोटाई इतनी है जितनी कि इस

दबाव के कारण 20.0 N/mm² का अधिकतम तनाव प्रतिबल हो। $E = 2 \times 10^5$ N/mm² तथा पाईसां अनुपात $\mu = 0.25$ मानिये।

(Calculate the increase in volume enclosed by a boiler shell 2.5 m long and 1.25 m in diameter when it is subjected to an internal pressure of 1.5 N/mm². The wall thickness is such that the maximum tensile stress is 20.0 N/mm², under this pressure. Given $E = 2 \times 10^5$ N/mm² and Poisson's ratio 'μ'$=0.25$)

(**Ans.** $\delta V = 613592.32 mm^3$)

Q. 5.5 रिवेटेड बॉयलर का व्यास 1.2 m है तथा यह 2.0 N/mm² का दबाव वहन कर सकता है। प्लेटों की मोटाई ज्ञात कीजिए यदि अनुदैर्ध्य जोड़ तथा परिधिय जोड़ की दक्षताएं क्रमशः 80 प्रतिशत व 50 प्रतिशत हो। अनुमत प्रतिबल 150 N/mm² है।

(The diameter of a riveted boiler is 1.2 m and has to withstand a pressure of 2 N/mm². Find the thickness of plates to be used if efficiency of longitudinal joints and circumferential joints are 80% and 50% respectively. The permissible stress is 150 N/mm²)

(**Ans.** – 10mm)

Q. 5.6 एक गोलाकार खोल 1 m व्यास का है जो 2 N/mm² का आन्तरिक दबाव वहन करता है। खोल की मोटाई ज्ञात कीजिए यदि अनुमत प्रतिबल 100 N/mm² है। आयतन में परिवर्तन भी ज्ञात कीजिए, यदि $E = 2 \times 10^5$ N/mm² तथा पाईसां अनुपात, $\mu = 0.3$ है।

(A spherical shell of 1m diameter is subjected to an internal pressure of 2 N/mm². Find the thickness required for the shell, if the allowable stress is 100 N/mm².

Also, determine change in volume. Take $E = 2 \times 10^5$ N/mm² and $\mu = 0.3$)

(**Ans.** – t = 5mm, $\delta V = 549778.71 mm^3 = 549.778 cm^3$)

Q. 5.7 एक बेलन की मोटाई 20mm है यह 2 N/mm² का आतंरिक दबाव वहन करता है। यदि बेलन के पदार्थ की अत्यधिक तनाव

प्रतिबल 300 N/mm² हो, सुरक्षा कारक 3 तथा जोड़ क्षमता 70 प्रतिशत हो तो बेलन का व्यास ज्ञात कीजिए।

Hint - सुरक्षा कारक = तत्पश्चात जोड़ क्षमता $\eta = 70\% = 0.7$

जोड़ क्षमता का अर्थ अनुदैर्ध्य जोड़ की दक्षता होती है।
अतः $\eta 2 = \eta = 0.7$

(A cylinder of thickness 20 mm, has to withstand maximum internal pressure of 2 N/mm². If the ultimate tensile stress in the material of the cylinder is 300 N/mm², factor of safety 3.0 and joint efficiency 70%. Determine the diameter of the cylinder).

Ans. d = 1400 mm

Q. 5.8. दर्शाइये कि जब एक पतले गोलाकार खोल का व्यास d तथा मोटाई t है तथा यह p आन्तरिक दबाव वहन करता है तो आयतन में वृद्धि $\frac{\pi p d^4}{8tE}(1-\mu)$ होगी।

(Show that when a thin spherical shell of diameter d and thickness t is subjected to an internal pressure of p, the increase in volume is equal to $\frac{\pi p d^4}{8tE}(1-\mu)$).

अध्याय – 6

प्रत्यक्ष तथा बंकन प्रतिबल
(Direct and Bending Stress)

6.1 भूमिका (Role)

यदि कोई बाहय बल किसी संरचना के ज्यामितिय अक्ष पर संपात कार्य करता है तो प्रत्यक्ष प्रतिबल उत्पन्न होता है। प्रत्यक्ष प्रतिबल (Direct Stress) की प्रकृति तनाव या संपादन की हो सकती है। जो कि ब्राहय बल की प्रकृति पर निर्भर करती है।

यदि आरोपित बाहय बल ज्यामितिय अक्ष के उत्केन्द्रीय (eccentric) है तो संरचना पर इस बल के दो प्रभाव होते है – (i) इस बल के कारण प्रत्यक्ष प्रतिबल उत्पन्न होता है। (ii) इस बल के कारण संरचना पर बंकन आघूर्ण उत्पन्न होता है जिससे बंकन प्रतिबल (bending stress) उत्पन्न होता है।

6.2 उत्केन्द्रीय बल (Eccentric Load)

वह बाहय बल जिसकी क्रिया रेखा, किसी संरचना के ज्यामिति अक्ष के संपातिक नहीं होती है तो उस बाहय बल को उत्केन्द्रीय बल कहते है।

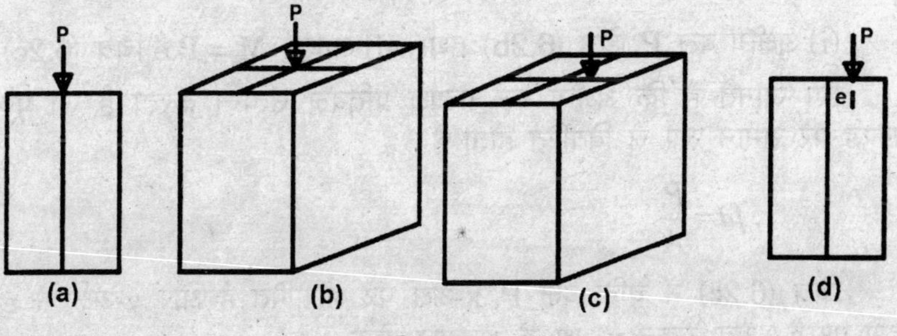

चित्र 6.1.

चित्र 6.1 में उत्केन्द्रीय बल P दर्शाया गया है। उत्केन्द्रीय बल की क्रिया रेखा व ज्यामितिय अक्ष के मध्य दूरी को उत्केन्द्रीयता (eccentricity) कहते है जिसे e से व्यक्त करते है।

6.3 प्रत्यक्ष तथा बंकन प्रतिबल (Direct & Bending Stress)

चित्र 6.1 में दर्शायेनुसार एक बल P है तथा अनुप्रस्थकाट क्षेत्रफल A है तो प्रत्यक्ष प्रतिबल (f_d)

$$fd = \frac{P}{A} \qquad (6.1a)$$

चित्र 6.1(d) में उत्केन्द्रीय बल दर्शाया गया है। जिसके कारण प्रत्यक्ष प्रतिबल व बंकन प्रतिबल उत्पन्न होते है। बंकन प्रतिबल उत्पन्न होने का कारण उत्केन्द्रता के कारण उत्पन्न बंकन आघूर्ण है।

बंकन प्रतिबल को f_b से प्रदर्शित करते है।

$$fb = \frac{M}{I} \times y \qquad (6.1b)$$

किसी संरचना में उत्केन्द्रीय बल हो तो संरचना का कुल प्रतिबल प्रत्यक्ष तथा बंकन प्रतिबल का बीजीय योग होता है।

$$f = f_d \pm f_b \qquad (6.2)$$

6.4 एक अक्ष के सापेक्ष उत्केन्द्रीयता (Eccentricity with respect to due axis)

चित्र 6.2 (a) में दर्शाये अनुसार एक लघु स्तम्भ जिसका अनुप्रस्थ काट नियत हैं पर एक उत्केन्द्रीय बल P कार्यरत है जिसकी y-अक्ष से उत्केन्द्रता 'e' है। उत्केन्द्रीय बल के निम्न प्रभाव होंगे।

(i) अक्षीय बल P चित्र (6.2b) तथा (ii) आघूर्ण M = P.e चित्र (6.2c)

हम जानते है कि अक्षीय बल प्रत्यक्ष प्रतिबल उत्पन्न करता है जो पूरे खण्ड पर समान रूप से वितरित होता है।

$$\therefore fd = \frac{P}{A}$$

चित्र (6.2c) में चूंकि बल P, x-अक्ष पर आरोपित है और y-अक्ष से e दूरी पर है। अतः बंकन y-अक्ष के अनुसार होगा –

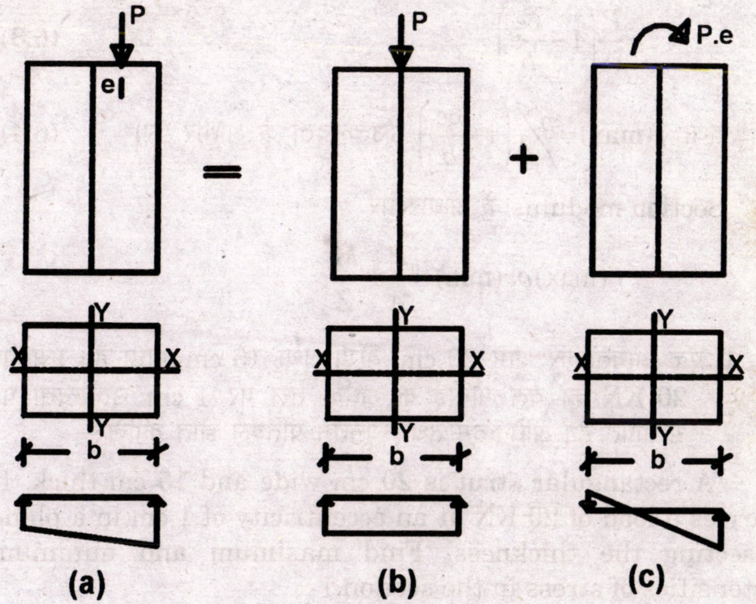

चित्र 6.2

इस स्थिति में जड़त्व आघूर्ण Iyy लेंगे चूंकि बंकन y-अक्ष के अनुसार होता है।

अतः बंकन प्रतिबल के सूत्र से – $\frac{fb}{Y}=\frac{M}{I} or\ fb=\frac{M}{I}.y=\frac{M}{Z}$

चित्र 6.2 के अनुसार

$$fb=\frac{M}{Iyy}\text{x}\,y=\frac{M}{Iyy/y}=\frac{M}{Zyy} \quad or \quad fb=\frac{P.e}{Iyy}.b/2$$

अतः दोनों प्रभावों के कारण खंड में कुल प्रतिबल

f_{min} =(P/A)- (P.e.b/2I_{yy})

f_{max} =(P/A)+(P.e.b/2I_{yy})

लेकिन I_{yy}= b^3d/12=b^2A/12

$\therefore f(\min)=\frac{P}{A}-\frac{P.eb}{b^2A}$ A = bd = अनुप्रस्थ काट क्षेत्रफल

$$= \frac{P}{A}\left(1 - \frac{6e}{b}\right) \qquad (6.3)$$

तथा $f(\max) = {}^{p}\!/_{A}\left(1 + \frac{6e}{b}\right)$ (उत्केन्द्रता के आधार पर) (6.4)

Section modulus के आधार पर

$$f(\max) or (\min) = \frac{P}{A} \pm \frac{M}{Z}$$

Q. 1. एक आयताकार थाम 20 cm चौड़ा तथा 15 cm मोटा है। इस पर 20 KN का बल मोटाई के अर्धक तल पर 1 cm उत्केन्द्रता पर आरोपित है। अधिकतम तथा न्यूनतम प्रतिबल ज्ञात कीजिए–

(A rectangular strut is 20 cm wide and 15 cm thick. It carries a load of 20 KN at an eccentricity of 1 cm in a plane bisecting the thickness. Find maximum and minimum intensities of stress in the section.)

हल – दिया है b = 20cm = 200mm

d = 12cm = 120mm

∴ अनुप्रस्थ काट क्षेत्रफल

A = 20 x 15 = 300 cm^2 = 30000 mm^2,

बल P = 20 x 10^3 N = 20 KN

e = 1 cm = 10 mm

∴ खंड में अधिकतम प्रतिबल, f_{max}

$$f \max = \frac{P}{A}\left(1 + \frac{6e}{b}\right)$$

$$= \frac{20 \times 10^3}{3 \times 10^4}\left(1 + \frac{6 \times 10}{200}\right) = 0.866 N/mm^2$$ Ans.

अब खंड में न्यूनतम प्रतिबल,

$$f \min = \frac{P}{A} = \left(1 - \frac{6e}{b}\right)$$

$$= \frac{20 \times 10^3}{30000}\left(1 - \frac{6\times10}{200}\right) - 0.466 N/mm^2 \qquad \text{Ans.}$$

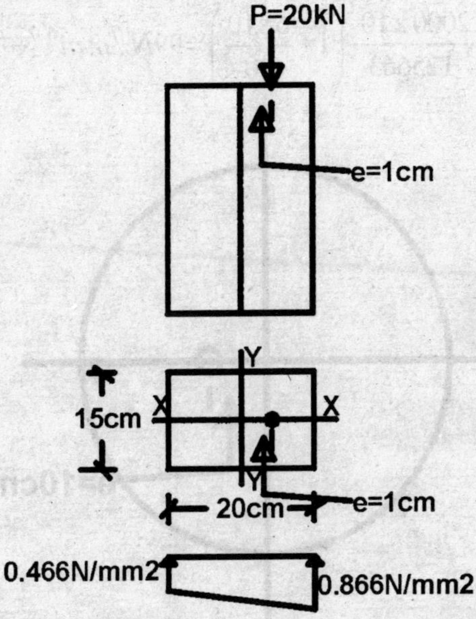

चित्र 6.3

Q. 6.2 एक ठोस गोल लघु स्तम्भ का व्यास 40 cm है। इस स्तम्भ पर अक्ष से 10 cm की दूरी पर 2000 kN का बल आरोपित है। स्तम्भ में उत्पन्न प्रतिबलों के अधिकतम व न्यूनतम मान ज्ञात कीजिए।

(A short column of circular section of diameter 40cm carries a vertical downward load of 2000KN at a distance of 10cm from the axis. Find the maximum and minimum intensities of stresses developed in the column.

हल – अनुप्रस्थ काट क्षेत्रफल

$$A = \frac{\pi D^2}{4} = \frac{\pi}{4} \times 40^2 = 1256.63 cm^2 \; A = 125663 mm^2$$

$$P = 2000 KN = 2000 \times 10^3 N$$

$$e = 100 mm = 10 cm$$

अधिकतम प्रतिबल,

$$f\,\text{max} = \frac{P}{A}\left(1+\frac{6e}{D}\right)$$

$$= \frac{2000 \times 10^3}{125663}\left(1+\frac{6 \times 10}{40}\right) = 99 N/mm^2 \text{ (सम्पीडन)} \quad \text{Ans.}$$

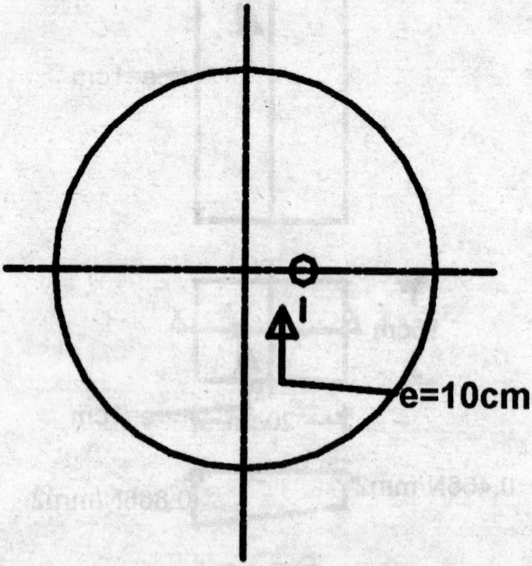

चित्र 6.4

न्यूनतम प्रतिबल –

f_{min}=(P/A)(1-6e/b)

=(2000×10^3 /125663) (1-(60/40))

= -7.96N/mm^2 (तनाव) Ans.

Q. 6.3. एक ढलवे लोहे का खोखला गोल लघु स्तम्भ का बाहरी व्यास 20 cm तथा आतंरिक व्यास 15 cm है। एक 150 kN का उर्ध्वाधर संपीड़न बल 4 cm की उत्केन्द्रता पर कार्य करता है। स्तम्भ के खंड पर अधिकतम व न्यूनतम प्रतिबल ज्ञात कीजिए।

(A Short cast iron hollow section column, 30 cm external diameter and 15 cm internal diameter. A vertical compressive load of 150 kN acts at an eccentricity of 4 cm from the axis. Find the maximum and minimum stresses in the column section).

हल – दिया है P=150 KN = 150 x 10^3 N

बाहरी व्यास D, = 20 cm = 200 mm

आंतरिक व्यास, d = 15 cm = 150 mm

उत्केन्द्रताए e = 4 cm = 40 mm

∴ स्तम्भ का अनुप्रस्थ काट क्षेत्रफल

$$A = \pi/4\,(200^2 - 150^2) = 13744.5\ mm^2$$

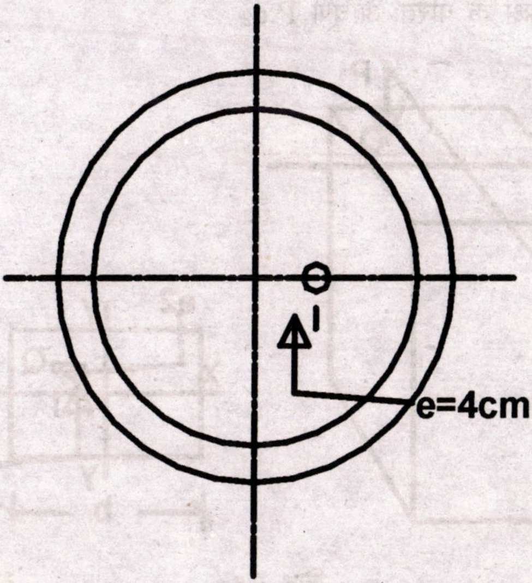

चित्र 6.5

अधिकतम प्रतिबल

$$f\max = \frac{P}{A}\left(1+\frac{6e}{D}\right)$$

$$= \frac{150\times10^3}{13744.5}\left(1+\frac{6\times4}{20}\right) = 24.0\ N/mm^2$$ (सम्पीडन)

$$f\min = P/A\left(1-\frac{6e}{D}\right)$$

$$-\frac{15\times10^3}{13744.5}\left(1-\frac{6\times4}{20}\right) = -2.18N/mm^2$$ (तनाव)

6.5 दोनो अक्षों x तथा y के सापेक्ष उत्केन्द्रता (Ecentricity with respect to X & Y axes)

चित्र 6.6 में बल दोनो अक्षों X तथा Y से उत्केन्द्रता दर्शाता है। अतः इस उत्केन्द्रीय बल के निम्न प्रभाव होंगे।

(i) अक्षीय बल

(ii) Y- अक्ष के परितः आघूर्ण $P.e_1$ तथा

(iii) X- अक्ष के परितः आघूर्ण $P.e_2$

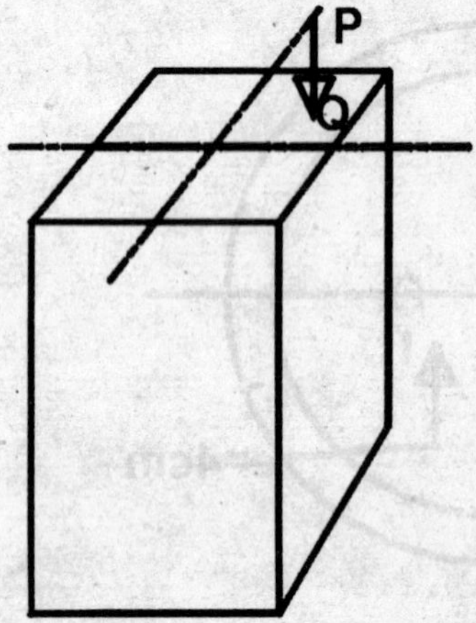

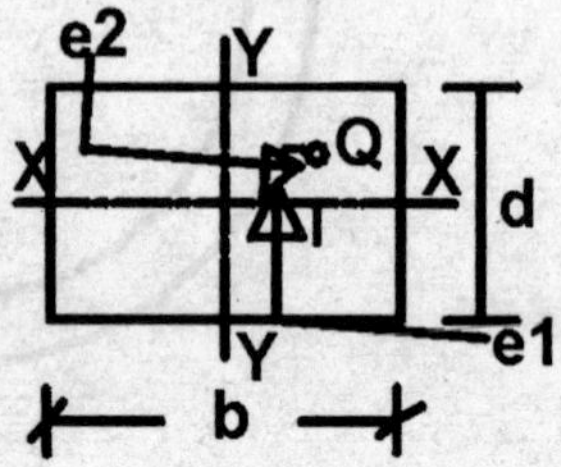

चित्र 6.6

अतः उत्केन्द्रीय बल P, के आरोपित बिंदु Q (x,y) पर निम्न प्रतिबल होगा–

$$f = \frac{P}{A} \pm \frac{Pe_1x}{Iyy} \pm \frac{P.e_2.y}{Ixx} \qquad (6.5)$$

जहाँ A अनुप्रस्थ काट क्षेत्रफल है। $Iyy = y - y$ अक्ष के परितः जड़त्व आघूर्ण तथा $Ixx = x - x$ अक्ष के परितः जड़त्व आघूर्ण

अब $Iyy = \frac{1}{12}b^3d = \frac{1}{12}b^2A$

चूंकि A = bxd

इसी तरह $Ixx = \frac{1}{12}bd^3 = \frac{1}{12}Ad^2$

$$\therefore f = P/A \left[1 \pm \frac{12e_1x}{b^2} \pm \frac{12e_2y}{d^2}\right] \quad (6.6)$$

f_{max} के लिए $x = b/2 \qquad y = d/2$

$$\therefore f\max = P/A \left[1 + \frac{12e_1 b/2}{b^2} + \frac{12e_2 d/2}{d^2}\right]$$

अतः $$f\max = P/A \left[1 + \frac{6e_1}{b} + \frac{6e_2}{d}\right] \quad (6.7)$$

इसी तरह f_{min} के लिए $x = -b/2$ तथा $y = -d/2$

अतः $$f_{min} = \frac{P}{A}\left[1 - \frac{6e_1}{b} - \frac{6e_2}{d}\right] \quad (6.8)$$

Q. 6.4 चित्र 6.7 में दर्शाये अनुसार वर्गाकार स्तम्भ के Q बिन्दु पर 1000 KN का बल आरोपित है। स्तम्भ के चारो कोनों पर प्रतिबल ज्ञात कीजिये।

(Find stresses developed at four corners of a masonry pillar subjected to a concentrated load of 1000KN at Q as shown in Fig. 6.7)

हल :– $Ixx = Iyy = 1/12 \text{x} 300 \text{x} 300^3$

$$= 6.75 \text{x} 10^8 mm^4$$

$e_1 = e_2 = 30mm \qquad P = 1000 \text{ kN} = 1000 \text{ x}10^3 \text{ N}$

$$f = \frac{P}{A} \pm \frac{M_{\bar{x}}}{I_{xx}}.y \pm \frac{M_y}{I_{yy}}.\bar{x} = \frac{P}{A} \pm \frac{Pe_2y}{Ixx} \pm \frac{Pe_1x}{Iyy}$$

$$= \frac{1000\times10^3}{300^2} \pm \frac{1000\times10^3\times30.y}{6.75\times10^8} \pm \frac{1000\times10^3\times30.x}{6.75\times10^3}$$

$$= 11.111 \pm 0.044y \pm 0.044x$$

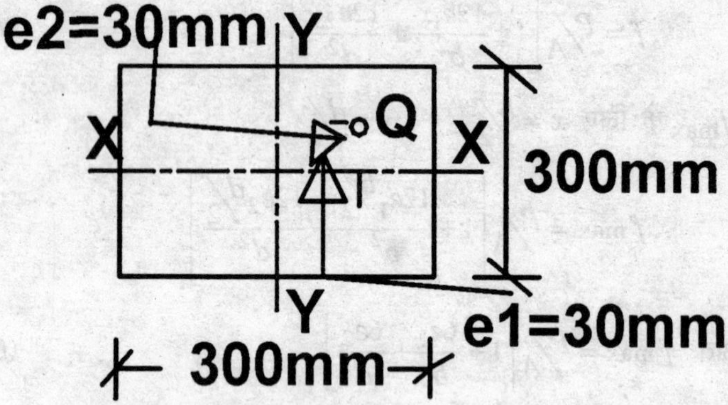

चित्र 6.7

∴ चारो कोनो पर प्रतिबल निम्न होगा

$f_A = 11.111 + 0.044 \times 150 + 0.044 \times 150$

$f_A = 24.311 N/mm^2$ (सम्पीड़न) Ans.

$f_B = 11.111 + 0.044 \times 150 - 0.044 \times 150$

$= 11.111 N/mm^2$ (सम्पीड़न) Ans.

$f_C = 11.111 - 0.044 \times 150 - 0.044 \times 150$

$= -2.089 N/mm^2$ (तनाव) Ans.

$f_D = 11.111 - 0.044 \times 150 + 0.044 \times 150$

$= 11.111 N/mm^2$ (सम्पीड़न) Ans.

Q. 6.5. एक चिनाई का स्तम्भ 3m x 2m का है; 100 kN का उर्ध्वाधर बल चित्र 6.8 में दर्शाये अनुसार Q बिन्दु पर लग रहा है। प्रत्येक कोने में प्रतिबल ज्ञात कीजिए।

(A masonry column of 3 m x 3 m supports a vertical load of 100 kN as shown in Fig. 6.8. Find the stresses developed at each corner of the column).

हल – दिया है –

चौड़ाई = 3 m, = 3000 mm; P=100 kN = 100 x 10^3 N

मोटाई = 2 m = 2000 mm

उत्केन्द्रता $e_1 = 1\text{ m} = 1000\text{ mm}$

$e_2 = 0.5\text{ m} = 500\text{ mm}$

क्षेत्रफल $A = 3000 \times 2000 = 6 \times 10^6\text{ mm}^2$

जड़त्व आघूर्ण $Ixx = \frac{1}{12} \times 3000 \times 2000^3 = 2\times10^{12} mm^4$

$$Iyy = \frac{1}{12} \times 2000 \times 3000^3 = 9\times10^{12} mm^4$$

अब, $f = \frac{P}{A} \pm \frac{Pe_1.x}{I_{yy}} \pm \frac{Pe_2.y}{I_{xx}}$

$$\therefore f = \frac{100\times10^3}{6\times10^6} \pm \frac{100\times10^3\times1000}{9\times10^{12}} x \pm \frac{100\times10^3\times500.y}{2\times10^{12}}$$

अतः $f = .01667 \pm 1.11\times10^{-5}.x \pm 2.5\times10^{-5}y$

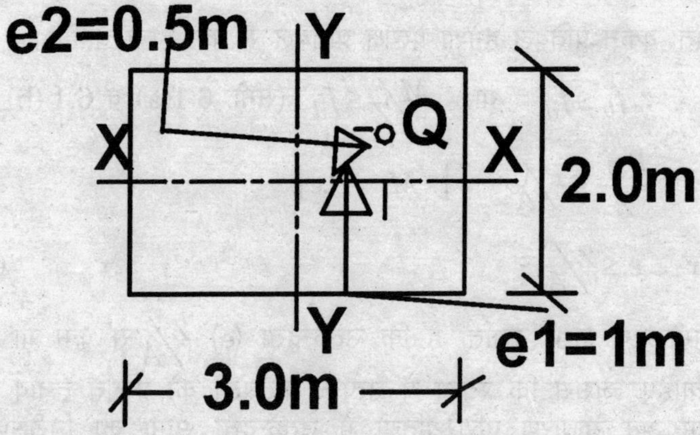

चित्र 6.8

अब प्रत्येक कोनो पर प्रतिबल निम्न होगा

$f_A = .01667 + 1.11\times10^{-5}\times1500 + 2.5\times10^{-5}\times1000$

$= .01667 + .01667 + .025 = 0.0583 N/mm^2$ (सम्पीड़न) Ans.

$f_B = 0.01667 \& 1.11\times10^{-5} \times1500 + 2.5\times10^{-5} \times1000$

$= 0.025 N/mm^2$ (सम्पीड़न) Ans.

$f_C = 0.01667 \; \& \; 1.11 \times 10^{-5} \times 1500 \; \& \; 2.5 \times 10^{-5} \times 1000$

$= -0.025 N/mm^2$ (तनाव) Ans.

$f_D = 0.01667 + 1.11 \times 10^{-5} \times 1500 \; \& 2.5 \times 10^{-5} \times 1000$

$= 0.00834 N/mm^2$ (सम्पीड़न) Ans.

6.6 उत्केन्द्रता की सीमा (Limit of Eccentricity)

अनुच्छेद 6.3 के अनुसार, उत्केन्द्रीय बल के कारण स्तम्भ में प्रत्यक्ष प्रतिबल व बंकन प्रतिबल दोनो उत्पन्न होते है। हम जानते है कि यदि बंकन प्रतिबल प्रत्यक्ष प्रतिबल से कम हो तो स्तम्भ के किसी भी बिन्दु पर परिणामी प्रतिबल सम्पीड़न प्रकृति का होगा। यदि प्रत्यक्ष प्रतिबल व बंकन प्रतिबल दोनो समान हो तो परिणामी प्रतिबल शून्य होता है। लेकिन यदि बंकन प्रतिबल प्रत्यक्ष प्रतिबल से अधिक हो तो परिणामी प्रतिबल तनाव की प्रकृति का होता है। चूँकि सीमेंट, कंक्रीट तथा ईट या पत्थर के चिनाई के स्तम्भो की तनाव सामर्थ्य नगण्य होती है। अतः यह आवश्यक है कि स्तम्भ के किसी भी बिंदु पर तनाव प्रतिबल उत्पन्न नहीं हो।

अतः बंकन प्रतिबल हमेशा प्रत्यक्ष प्रतिबल से कम होना चाहिए।

$\therefore f_b \le f_d$ या $M/Z \le f_d$ (समी. 6.1(a) व 6.1 (b) से)

$$\frac{P.e.}{Z} \le P/A \qquad [\because M = P.e]$$

or $$e \le Z/A \qquad (6.9)$$

समीकरण (6.9) दर्शाता है कि उत्केन्द्रता (e) Z/A से कम या समान होनी चाहिए जिससे कि स्तम्भ में उत्पन्न प्रतिबलों की प्रकृति तनाव की न हो। हम अब साधारण परिस्थितियों में उत्केंन्द्रता सीमा का निरीक्षण कर सकते है।

6.6.1 आयताकार खंड के लिए उत्केन्द्रता की सीमा (Limit of eccentricity of rectangular section)

चित्र 6.9 में दर्शाये अनुसार, एक आयताकार खंड की चौड़ाई b तथा मोटाई d है।

चूंकि स्तम्भ में कही भी तनाव नहीं होना चाहिए। अतः उत्केन्द्रता e समीकरण 6.9 के अनुसार Z/A से कम या समान होनी चाहिए।

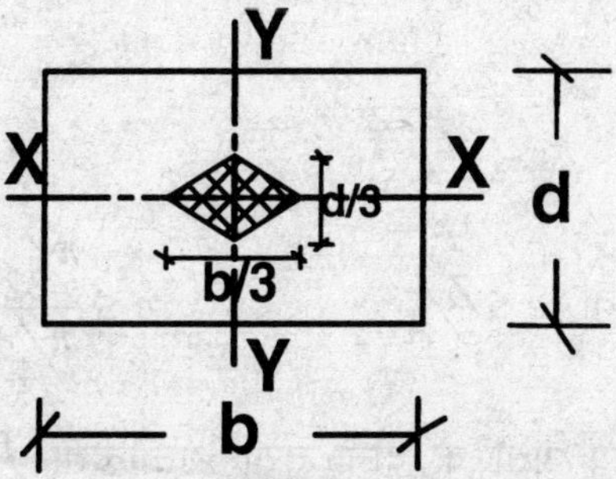

चित्र 6.9

$$z_{xx} = I_{XX}/y = (bd^3/12)/(d/2) = bd^2/6$$

$$A = bd$$

समी. 6.9 से

$$\therefore e = Z/A \qquad \text{अतः } e \le \frac{bd^2}{6bd} \le d/6$$

इसी प्रकार यदि भार y अक्ष के अधीन उत्केन्द्रित है तो तनाव उत्पन्न न होने देने के लिए xx अक्ष पर उत्केन्द्रता की सीमा d/6 से अधिक नहीं होनी चाहिए।

$x-$ अक्ष के दोनो तरफ $b/6$ पर अर्थात् कुल सीमा $b/6 + b/6 = b/3$ तथा y अक्ष के दोनो तरफ भार $d/3$ के मध्य में रहना चाहिए। यही मध्य तिहाई नियम है। अर्थात् भार चित्र 6.9 में दर्शाये छायादार (Hatched) भाग द्वारा दर्शाये गये समचर्तुभुज के अन्दर होना चाहिए। यह समचर्तुभुज कोड (Core or kernel) कहलाता है।

6.6.2 ठोस गोल खंड के लिए उत्केन्द्रता की सीमा (Limit of eccentricity of Solid Circular Section)

जड़त्व आघूर्ण $I=(\pi/4)D^4$

$$y = D/2 \qquad Z = I/y = \frac{\pi/64 \, D^4}{D/2} = \frac{\pi}{32} D^3$$

तथा क्षेत्रफल A

$$A = \frac{\pi}{4} D^2$$

$\therefore$ उत्केन्द्रता, $e \leq Z/A$ $\qquad \therefore e \leq \frac{\pi/32 \, D^3}{\pi/4 \, D^2} = \frac{D}{8}$

अतः ज्यामितीय अक्षो के दोनो तरफ उत्केन्द्रता $D/8$ से अधिक नही होनी चाहिए। इस स्थिति में क्रोड (Core) एक $D/4$ व्यास का वृत्त होता है जिसका केन्द्र वही होता है जो एक ठोस गोलाकार खण्ड का होता है।

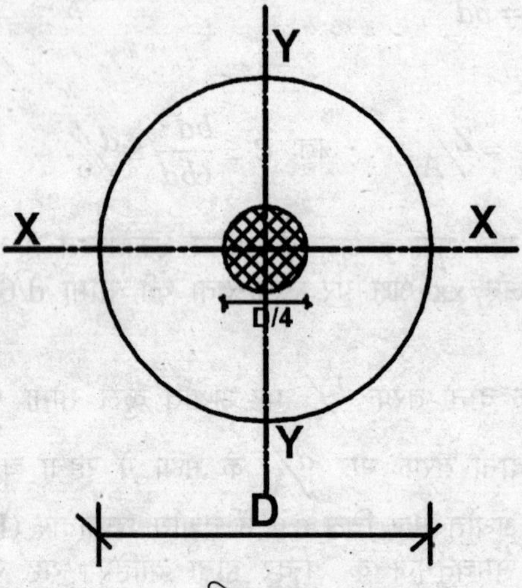

चित्र 6.10

अतः यदि आरोपित बल की क्रिया रेखा $D/4$ व्यास के वृत्त के अन्दर हो तो ठोस गोलाकार खंड के किसी भी बिन्दु पर तनाव उत्पन्न नहीं होगा।

6.6.3 खोखले आयताकार खंड के लिए उत्केन्द्रता की सीमा (Limit of ecentricity for hollow rectangular section)

चित्र 6.11 में एक खोखला आयताकार खण्ड दर्शाया गया है। चित्रानुसार आयताकार खण्ड की बाहरी भुजाएं B तथा D व आतंरिक भुजाएं b तथा d है।

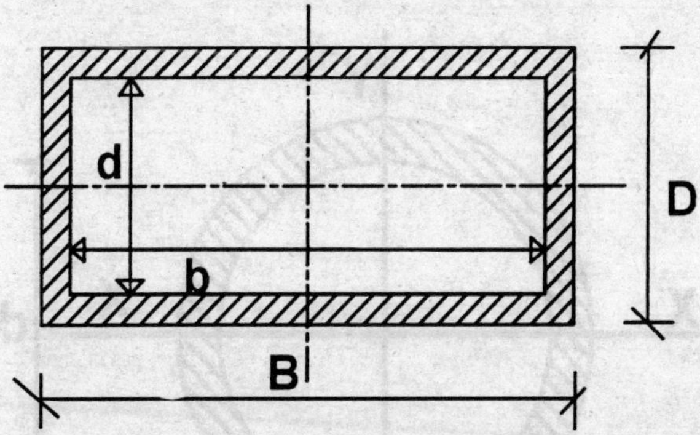

चित्र 6.11

हम जानते है कि उत्केन्द्रता, e = or < Z/A

अतः $e_{xx} \leq \frac{Z_{xx}}{A}$ जहाँ e_{xx} अक्ष x पर उत्केन्द्रता

$e_{yy} \leq Z_{yy}/A$ $e_{yy} = y$ अक्ष पर उत्केन्द्रता

अतः $Z_{xx} = I_{xx}/y$ $y = D/2$

$$= \frac{1}{12}\frac{(BD^3 - bd^3)}{D/2} = \left(\frac{BD^3 - bd^3}{6D}\right)$$

तथा क्षेत्रफल, $A = (BD - bd)$

$$\therefore e_{xx} \leq \frac{BD^3 - bd^3}{6D(BD - bd)}$$

इसी तरह $Z_{yy} = \left(\frac{DB^3 - db^3}{6B}\right)$ $\therefore e_{yy} \leq \left(\frac{DB^3 - db^3}{6B(BD - bd)}\right)$

6.6.4 खोखले गोल खण्ड के लिए उत्केन्द्रता की सीमा (Limit ecentricity for hollow circular section)

चित्र 6.12 एक खोखला गोल खंड दर्शाया गया है। जिसका बाहरी व्यास D तथा आंतरिक व्यास d है।

खंड का जड़त्व, $I_{xx} = I_{yy} = I = I_y = \frac{\pi}{64}(D^4 - d^4)$

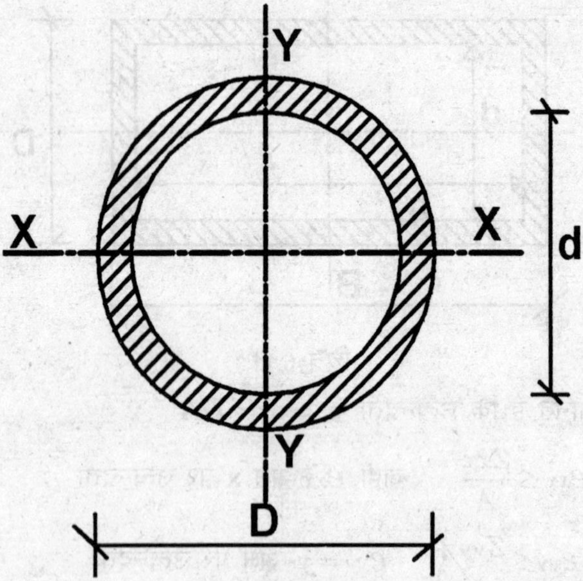

चित्र 6.12

$$y = D/2 \qquad \therefore Zxx = Zyy = I = \frac{\pi}{32}\left(\frac{D^4 - d^4}{D}\right)$$

$$y = D/2$$

खण्ड का क्षेत्रफल, A = $(D^2 - d^2) \times \frac{\pi}{4}$

$$\therefore \text{उत्केन्द्रता, } e \le Z/A \qquad e \le \frac{\frac{\pi}{32}(D^4 - d^4)/D}{\frac{\pi}{4}(D^2 - d^2)} = \frac{D2 + d2}{8D}$$

अतः ज्यामितिय अक्षो के दोनो तरफ उत्केन्द्रता $\frac{(D^2 + d^2)}{8D}$ से अधिक नहीं होनी चाहिए। इस स्थिति में क्रोड (Core) वृत का व्यास $(D^2 + d^2)/4D$ होता है। क्रोड वृत व खोखले गोल खंड का केन्द्र बिन्दु एक ही होता है।

Q. 6-6 चित्र 6.13 में दर्शाये गये I खण्ड के लिए कोड (Core) ज्ञात कीजिए। खंड के लिए क्षेत्रफल A = 78.46 cm² तथा $Zxx = 88.9cm^3$ तथा $Zyy = 88.9cm^3$

(For the I Section (ISMB400) beam shown in fig. 6.13, determine the core of the section For the section. A=78.46 cm² ; $Zxx = 1022.9cm^3$; $Zyy = 88.9cm^3$

हल – माना e_{xx} तथा e_{yy} क्रमशः xx व yy के अक्ष के सापेक्ष अधिकतम उत्केन्द्रताएं है।

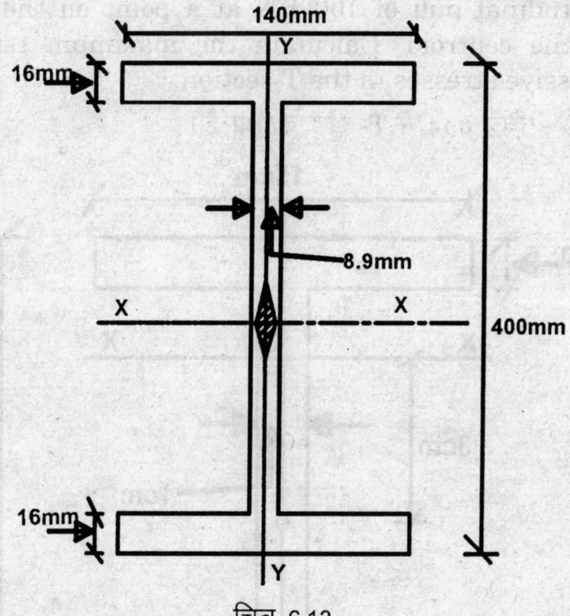

चित्र 6.13

माना P खण्ड पर आरोपित भार है।

अतः तनाव प्रतिबल उत्पन्न न होने देने की स्थिति के लिए–

$$\frac{P}{A} = \frac{P.exx}{Zxx}$$

जहाँ $Zxx =$ काट गुणांक (section modulus) है।

$$\therefore e_{xx} = \frac{Zxx}{A} \quad \text{या} \quad e_{xx} = \frac{1022.9}{780.46} = 13.0cm \qquad \text{(Ans.)}$$

तथा $\frac{P}{A} = \frac{P.eyy}{Zyy} \quad \therefore eyy = \frac{Iyy}{A} = \frac{88.9}{78.56} = 1.1cm$ Ans.

चित्र 6.13 में खंड का क्रोड भी दर्शाया है।

Q 6.7 चित्र (6.14) में दर्शाये अनुसार एक T-खण्ड की छड़ पर 100 kN की अनुदैर्ध्य खिंचाव कार्यरत है यह खिंचापन yy अक्ष पर केन्द्रक से 3 cm नीचे बिन्दु पर लग रहा है। T-खंड पर उत्पन्न अधिकतम तनाव व संपीड़न प्रतिबल ज्ञात करो।

A bar of T-section as shown in Fig (6.14) is subjected to a longitudinal pull of 100 KN at a point on the y-y, 3cm below the centroid. Calculate the maximum tensile and compressive stresses in the T-section.

हल – चित्र 6.14 में T- खंड दर्शाया है।

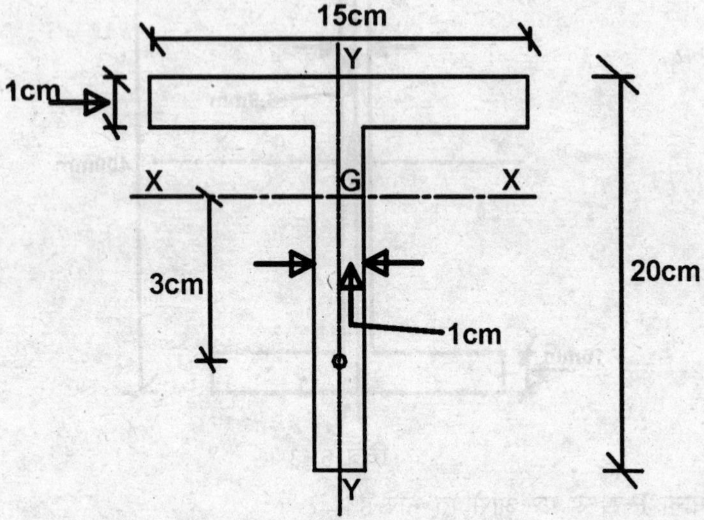

चित्र 6.14

सर्वप्रथम माना गुरूत्व केन्द्र G पर है। जिसकी AB किनारे से दूरी $\bar{y}$ है।

$$\bar{y} = \frac{A_1 y_1 + A_2 y_2}{A_1 + A_2} = \frac{15x1x.5 + 17x1x10.5}{(15x1) + (19x1)}$$

$\therefore \bar{y} = 6.089$ cm अतः $f_d = \frac{P}{A}$

$f_d = 100x10^3 /34 = 2941.1765 N/mm^2$

अब $Ixx = \frac{1}{12} x 15 x 1^3 + 15 x 1 x (6.089 - 0.5)^2 +$

$\frac{1}{12} x 1 x 19^3 1 x (10.5 - 6.089)^2 + \frac{1}{12} x 1 x 19^3$

$+ 19 x 1 x (10.5 - 6.0892)^2 = 1411.0686$ cm⁴

बंकन आघूर्ण–

M = P.e = $100x10^3$ x3 = $300x 10^3$ N-cm

बंकन प्रतिबल $fb = \frac{M}{Ixx} y$

$= (300x10^3 . y) /1411.0686$

$= 212.60$ y N/cm²

$\therefore$ AB पर अधिकतम सम्पीड़न प्रतिबल

$f_c = f_d + f_b$ = 2941.1765 + 212.6 x (6.089)

= 4235.7 N/cm²   Ans.

CD पर अधिकतम तनाव प्रतिबल

$f_t = f_d + f_b$ $f_T = 2941.1765 - 212.6 \times (13.911)$

$= -16.30 N/cm^2$ (तनाव)   (Ans.)

प्रश्नमाला 6

Q. 6.1. (एक वृत्ताकार अनुप्रस्थ काट का लघु स्तम्भ 20 cm व्यास का है जिस पर 60 KN का उर्ध्वाधर भार केन्द्र से 3 cm की दूरी पर आरोपित है। खण्ड पर उत्पन्न अधिकतम व न्यूनतम प्रतिबल ज्ञात कीजिए। प्रतिबल वितरण (Stress distribution) को चित्रानुसार प्रदर्शित कीजिए।

A short column of circular section of 20cm carries a vertical load of 60 KN at a distance of 3 cm from the center.

Calculate the maximum and minimum stress developed in section. Also make stress distribution diagram.

Ans: $P\min = -30.20 N/cm^2$ (तनाव)

$P\max = 428.16 N/cm^2$ (सम्पीड़न)

Q 6.2. एक खोखला वृत्ताकार अनुप्रस्थकाट के लघु स्तम्भ का बाहरी व्यास 40 cm तथा आतंरिक व्यास 30 cm है। इस लघु स्तम्भ में तनाव प्रतिबल उत्पन्न न होने देने के लिए क्रोड वृत्त का व्यास ज्ञात कीजिए

(A hollow short column of circular cross section external diameter is 40 cm and internal diameter is 30 cm. To avoid tensile stresses, determine the diameter of core circle.

(Ans – 15.625 cm)

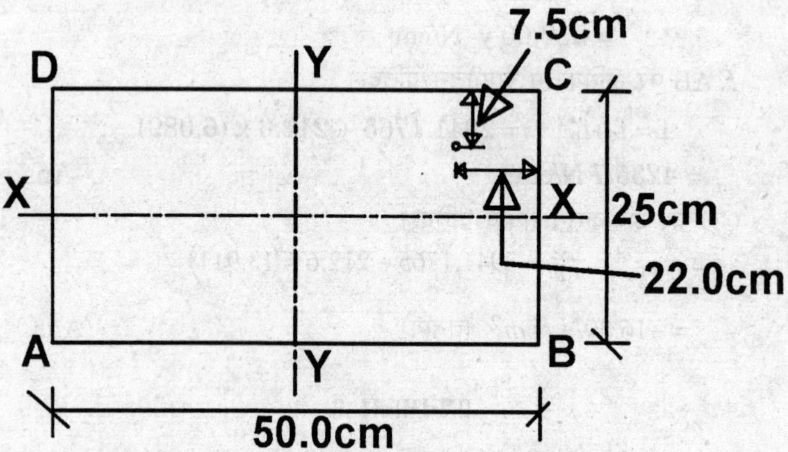

चित्र 6.15

Q. 6.3 (चित्र (6.15) में दर्शाये अनुसार एक लघु स्तम्भ आयताकार खण्ड 50 cm x 25 cm है जिस पर एक बिन्दु जो कि लम्बी भुजा से 9-5 cm तथा छोटी भुजा से 22.0 cm दूर पर 200 KN का उर्ध्वाधर भार कार्यरत है। आयताकार खंड के प्रत्येक कोने पर उत्पन्न प्रतिबल ज्ञात करो।

Fig. 6.15 shows a short column of rectangular section 50 cm x 25 cm carries a vertical load of 200 KN at point 9.5 cm from longer side and 22.0 cm from shorter side. Find the stresses developed in the column section at every corner.

$$\left(\text{Hint} : f = \frac{P}{A} \pm \frac{P.e_{yy}}{Ixx} \pm \frac{P.e_{xx}}{Iyy}\right)$$

$$f_c = 332.8N/cm^2; f_d = 217.6N/cm^2$$

$$fa = -12.8N/cm^2 \qquad fb = 102.4N/m^2$$

Q 6.4. एक आयताकार खोखले चिनाई के खंभे के बाहरी माप 3m x 2m तथा आंतरिक माप 2 m x 1 m है। आयताकार खंड में तनाव उत्पन्न न होने देने के लिए ज्यामिति अक्षो से उत्केन्द्रता की सीमायें ज्ञात कीजिए।

(A rectangular hollow masonry column external dimension is 3m x 2m and internal dimension is 2m x 1m. Determine limit of eccentricities from geometrical axes for avoiding tension in rectangular section.

$$(e_x)\lim it = 0.638m \qquad (e_y)\lim it = 0.458m$$

Q. 6.5. चित्र (6.16) में दर्शाये गये I खंड (ISHB 300) के लिए क्रोड ज्ञात कीजिए।

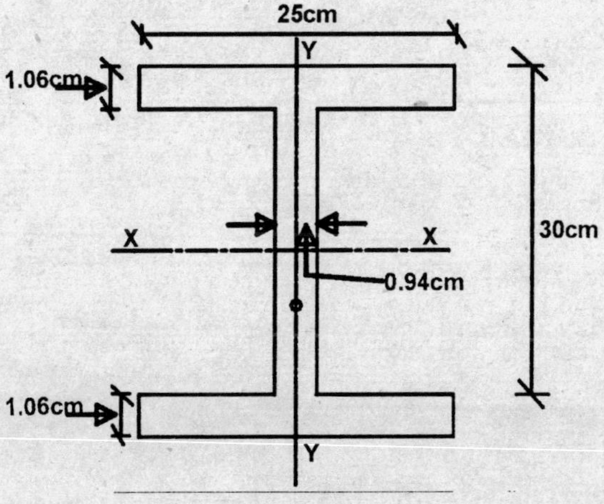

चित्र 6.16

दिया है –

$A = 80.25 cm^2$ $Zxx = 863.3 cm^3$ $Zyy = 178.4 cm^3$

For the section (ISHB 300) A beam shown in Fig. (6.16), detemine the core of the section

For the section

A = 80.25 cm^2 Zxx = 863.3 cm^3 Zyy = 178.4 cm^3

अध्याय – 7

ढ़ाचदार संरचना
(Frames)

7.1 भूमिका (General)

यदि ढ़ाचदार संरचना एक ऐसी संरचना है जो आपस में channel sections व angle sections को मिलाकर बनाया जाता है। ये channel sections व angle section इस ढ़ाचदार संरचना के अवयव कहलाते है। ढ़ाचदार संरचना के अवयवों को आपस में जोड़ने के लिए Rivets या Welding का प्रयोग करते है। इन Riveted या Welded जुड़ावों (joints) को विश्लेषण की दृष्टि से hinged या pin जुड़ाव माना जाता है। ढ़ाचदार संरचना अधिकतर कार्यशाला या कारखानों में टिनशेड के लिए उपयोग में आते है। इस अध्याय में हम बाह्य बलों के कारण ढ़ाचदार संरचना (frame) के अवयवों में उत्पन्न अक्षीय बलों की गणना करेंगे।

7.2. ढ़ाचदार संरचना के प्रकार (Types of Frame)

विश्लेषण के आधार से वर्गीकरण करने पर Frames दो प्रकार के होते है।

(1) Perfect frame (2) Imperfect frame

7.2.1 एक perfect frame वह होता है जिस frame के अवयवों के अक्षीय बल स्थैतिक साम्यावस्था की समीकरणों से निकाले जा सकते है। समतल frame (plane frame) के लिए स्थैतिक साम्यावस्था की 3 समीकरणें होती है जबकि space frame के लिए इस तरह की 6 समीकरणें होती है। इस अध्याय में हम केवल समतल frame के संबंध में अध्ययन करेंगे। समतल frame के अवयवों व संधियों को निम्न संबंध से दर्शाया जाता है –

$$n = 2j - 3 \quad (7.1)$$

n = frame के अवयवों की संख्या

j = संधियों की संख्या

7.2.2 Imperfect frame वह होता है जो स्थैतिक साम्यावस्था की 3 समीकरणों द्वारा हल न किया जा सके और imperfect frame को हल करने के लिए स्थैतिक साम्यावस्था की 3 समीकरणों के अतिरिक्त विरूपण की समीकरणों की आवश्यकता होती है। imperfect frame समीकरण 7.1 को संतुष्ट नहीं करता है।

$$n \neq 2j - 3$$

अतः imperfect frame में अवयवों की संख्या 2j – 3 से अधिक या कम होती है।

7.4. Perfect frame को हल करने की विधियाँ

संधि विधि (Methods of joints)

काट विधि (Method of sections)

लेखाचित्रिय विधि (Graphical method)

तनाव–गुणांक विधि (Method of tension coefficient)

इस अध्याय में हम आरंभ की तीन विधियों का विवेचन करेंगे।

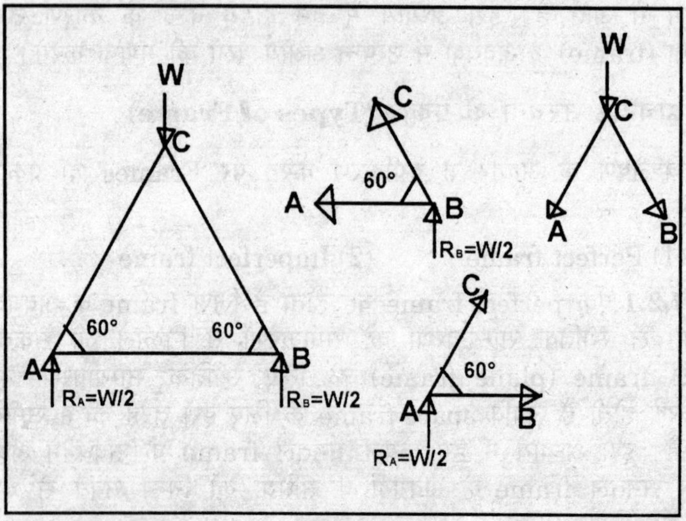

चित्र 7.1.

7.5. Methods of joints (संधि विधि)

जब किसी संधि पर दो या अधिक अवयव हो तथा केवल दो अज्ञात बल हो तो अज्ञात बलों को उस संधि पर दो लम्बवत् दिशाओं में बलों के घटकों की साम्यावस्था से ज्ञात किया जाता है। उदाहरण के लिए –

चित्र 7.1. में दिखाये अनुसार, हम प्रत्येक संधि पर $\sum V = 0$ व $\sum H = 0$ की स्थैतिक समीकरणों से अवयवों में बलों की गणना करेंगे।

Q. 7.1. एक ढ़ाचदार संरचना ABC जिसका पाट 10 m है चित्र 7.2 में दिखाया गया है। इसके शीर्ष पर 50 kN का भार है। अवयवों AB, BC व CA में बलों की गणना कीजिए।

The frame ABC has a span of 10 m, shown in Fig. 7.2. It is carrying a load of 50 kN at its apex. Find the forces in the member AB, BC and CA.

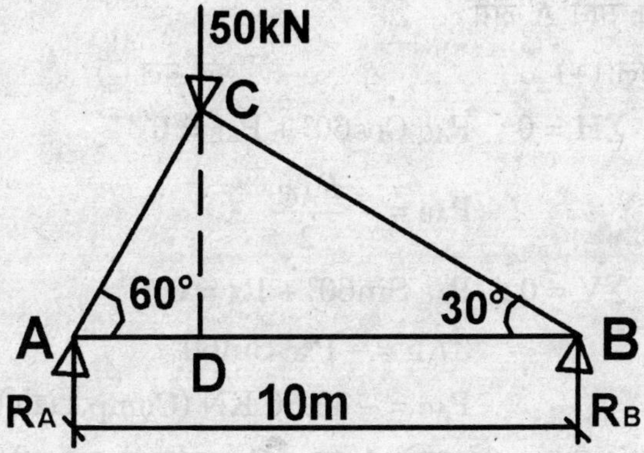

चित्र 7.2

सर्वप्रथम हम प्रतिक्रिया R_A व R_B के लिए संधि A पर आघूर्ण लेंगे। अतः

$$R_B \times AB = 5 \times AD$$

Here AB = 10M and AD=AC Cos60° (From $\triangle$CD)

$$AD = 5 \cos 60^\circ = 2.5 m.$$

AC को हम $\triangle$ABC में Lami`s प्रमेय से ज्ञात करेंगे।

$$\frac{AC}{Sin 30} = \frac{AB}{Sin 90^\circ} \Rightarrow AC = 5m.$$

$R_B = 50 \times {}^{2.5}/_{10} = 12.5 KN (\uparrow)$ $\quad R_A = 50 - 12.5 = 37.5 KN (\uparrow)$

अब हम इस Frame को संधि विधि द्वारा हल करेंगे।

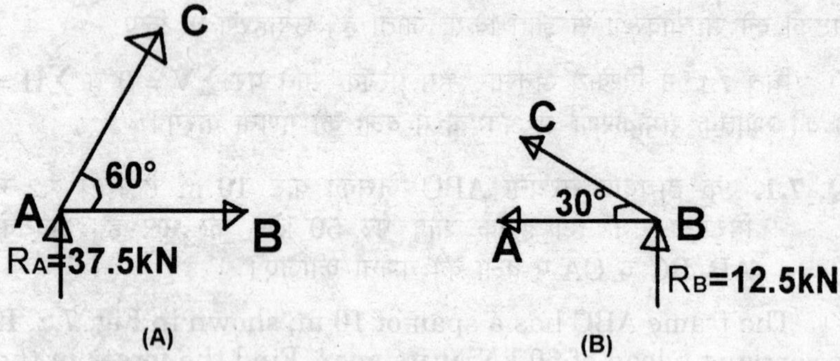

चित्र 7.3.

सर्वप्रथम संधि A लेंगे

तनाव बल (+) संपीड़न बल (-)

$$\Sigma H = 0 ; \quad P_{AC} \cos 60^\circ + P_{AB} = 0$$

$$P_{AB} = -\frac{P_{AC}}{2}$$

$$\Sigma V = 0 ; \quad P_{AC} \sin 60^\circ + R_A = 0$$

$$37.5 = -P_{AC} \sin 60^\circ$$

$$P_{AC} = -43.30 \text{ KN (Comp.) (संपीड़न)}$$

हमनें Fig. 7.3(a) में संधि A पर AC अवयव में बल की दिशा तनाव की है। अतः विश्लेषण करने पर P_{AC} में बल का मान ऋणात्मक आता है अतः जो हमने AC में तनाव बल लिया है। वह तनाव बल न होकर संपीड़न बल है।

P_{AC} का मान समी. (1) में रखने पर

$$P_{AB} = -\frac{(-43.30)}{2} = 21.56 KN \text{ (तनाव)} \qquad \text{(Ans.)}$$

अब हम संधि B लेंगे।

चित्र (7.3)(b) के अनुसार संधि B में केवल एक अज्ञात बल है।

$$\Sigma H = 0 \qquad P_{BC} \cos 30^\circ + P_{AB} = 0$$

$$P_{BC} = -P_{AB}/\text{Cos}30^o = -25KN$$ (संपीडन)

नोट : हमने चित्रों 7.3(a) व (b) में हर संधि बिन्दु पर बल की दिशा तनाव की ली है। अतः अगर किसी अवयव में बल की दिशा तनाव की है तथा इस अवयव में बल का मान ऋणात्मक आता है। अतः उस अवयव में बल तनाव न होकर संपीड़न है।

Q 7.2. चित्र 7.4 में दर्शाये अनुसार Warren girder में सात अवयव है तथा प्रत्येक की लम्बाई 4m है जो कि अपने सिरों पर मुक्त रूप से टिके है। चित्रानुसार C व D बिन्दुओं पर बल लग रहे है। girder के सभी अवयवों में बल ज्ञात कीजिए तथा दर्शाइये कि बल तनाव है या संपीडन।

(Fig. 7.4 shows a Warren girder consists of seven members each of 4m length freely supported at its end points. The girder is loaded at C and D as shown. Find the forces in all the members of the girder, indicating whether the force is compressive or tensile.)

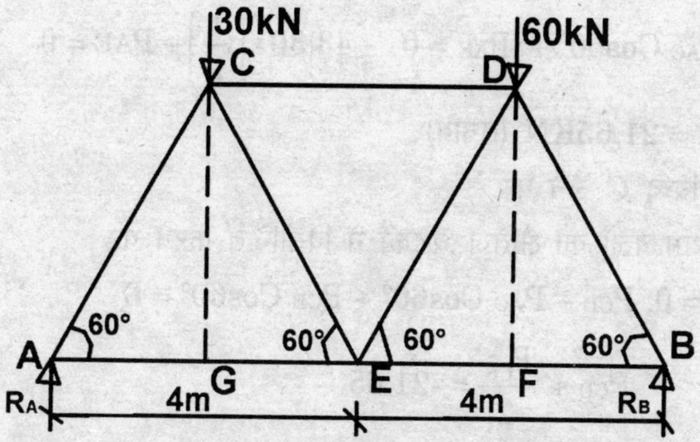

चित्र 7.4.

सर्वप्रथम A व B बिन्दुओं पर प्रतिक्रिया बल ज्ञात करने के लिए A बिन्दु पर आघूर्ण लेंगे।

$$R_B \times AB = 30 \times AG + 60 \times AF$$

$$8 \times R_B = 30 \times 2 + 60 \times 6$$

$$R_B = 52.5 \text{ kN}(\uparrow) \ \& \ R_A = (30 + 60) - 52.5 = 37.5 \text{ kN}(\uparrow)$$

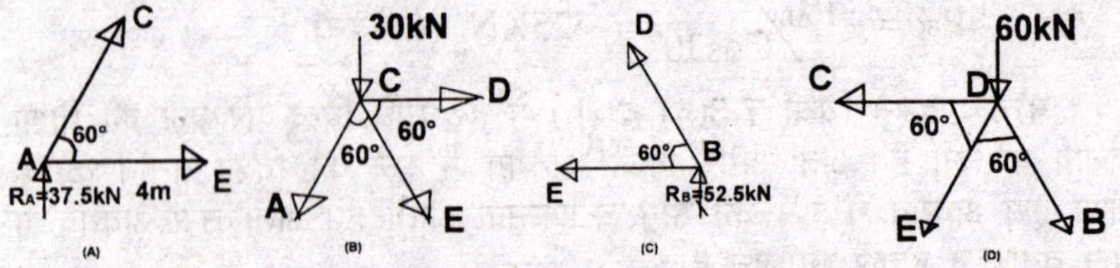

चित्र 7.4 (A,B,B,C)

अब संधि बिन्दु A लेने तथा P_{AE} व P_{AC} बलों की दिशा मानने पर –

बलों को उर्ध्वाधर घटकों में वियोजित कर शून्य के समान रखने पर, $\Sigma V = 0$

अत: $P_{AC} \sin 60 + R_A = 0$

$$P_{AC} = \frac{-R_A}{\sin 60^o} = \frac{-37.5}{\sin 60} = -43.30\,kN \text{ (संपीड़न)}$$

अब, बलों को क्षैतिज घटकों में वियोजित कर शून्य के समान रखने पर; $\Sigma H = 0$

$$P_{AC} \cos 60^o + P_{AE} = 0 \quad -43.30 \times \left(\frac{1}{2}\right) + P_{AE} = 0$$

$P_{AE} = 21.65KN$ (तनाव)

संधि बिन्दु C लेने पर

सर्वप्रथम बलों को क्षैतिज घटकों में वियोजित करने पर

$\Sigma H = 0;\ P_{CD} - P_{AC} \cos 60^o + P_{CE} \cos 60^o = 0$

$$P_{CD} + \frac{P_{CE}}{2} = -21.65 \qquad (1)$$

बलों को उर्ध्वाधर वियोजित करने पर,

$P_{AC} \sin 60^o + 30 + P_{CE} \sin 60^o = 0$

$(-43.30) \sin 60^o + 30 = -P_{CE} \sin 60^o$

$P_{CE} = 8.658KN$ (तनाव)

P_{CE} का मान समीकरण (1) में रखने पर

$P_{CD} = -26KN$ (संपीड़न)

अब संधि बिन्दु B लेने पर

बलों को उर्ध्वाधर वियोजित करने पर, $\Sigma V = 0$

$$P_{DB} \, Sin60^o + R_B = 0$$

$$P_{DB} = -52.5/_{0.866} = -60.623 \text{ K}$$ (संपीड़न)

बलों को क्षैतिज वियोजित करने पर

$$P_{BE} + P_{DB} \, Cos60^o = 0$$

$$PBE = \&(\&60.623) \text{ x } \frac{1}{2} = 30.311KN$$ (तनाव)

अब बिन्दु D लेने पर

बलों को क्षैतिज वियोजित करने पर,

$$P_{CD} + P_{AE} \, Cos60^o - P_{DB} \, Cos60^o = 0$$

$$-26 + \frac{P_{DE}}{2} \& (-60.623/_{2}) = 0$$

$$\Rightarrow P_{DE} = -8.623kN$$ (संपीड़न)

Q 7. 3. एक नत कैंची चित्र 7.5 में दर्शाये अनुसार भारित है। कैंची के सभी अवयवों में बलों का परिमाण व प्रकृति ज्ञात कीजिए।

An inclined truss shown in Fig. 7.5 is loaded as shown. Determine the nature and magnitude of the forces in all the members of the truss.

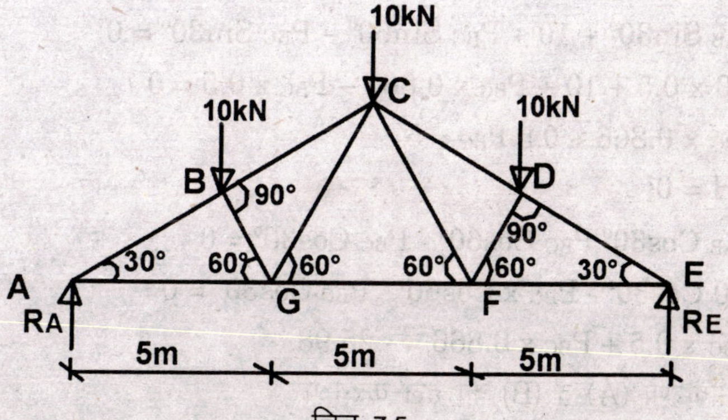

चित्र 7.5

हल - सर्वप्रथम हम A व E बिन्दुओं पर प्रतिक्रिया बल ज्ञात करेंगे। यह कैंची सममित है तथा इसमें भार भी सममित रूप से लग रहे है।

$$\text{अतः } R_A = R_E = \left(\frac{10+10+10}{2}\right) = 15KN$$

अब सर्वप्रथम संधि बिन्दु A लेने पर

बलों को उर्ध्वाधर घटकों में वियोजित करने पर, $\Sigma V = 0$

$$P_{AB} \text{ Sin}30^o + 15 = 0 \qquad \Rightarrow P_{AB} = -30KN \text{ (संपीड़न)}$$

बलों को क्षैतिज वियोजित करने पर $\Sigma H = 0$

$$P_{AB} \text{ Cos}30^o + P_{AG} = 0$$

$$P_{AG} = -P_{AB} \times \sqrt{3}/2 \qquad = -(-30)\ \sqrt{3}/2 = 25.98kN \text{ (तनाव)}$$

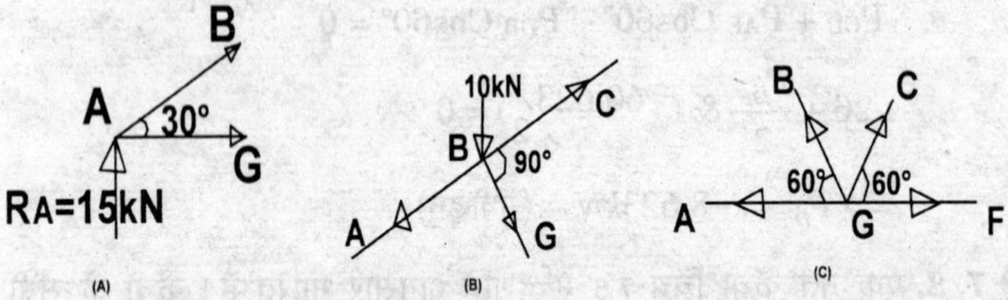

चित्र 7.5. (A, B, C)

अब संधि बिन्दु B लेने पर तथा बलों को क्षैतिज व उर्ध्वाधर घटकों में वियोजित करने पर

$$\Sigma V = 0$$

$$P_{AB} \text{ Sin}30^o + 10 + P_{BG} \text{ Sin}60^o - P_{BC} \text{ Sin}30^o = 0$$

$$-30 \times 0.5 + 10 + P_{BG} \times 0.866 - P_{BC} \times 0.5 = 0$$

$$P_{BG} \times 0.866 + 0.5\ P_{BC} = 5 \qquad \text{(A)}$$

$$\Sigma H = 0;$$

$$P_{AB} \text{ Cos}30^o\ P_{BG} \text{ Cos}60^o - P_{BC} \text{ Cos}30^o = 0$$

$$-30 \text{ Cos}30^o - P_{BG} \times \text{Cos}60 - P_{BC} \text{ Cos}30^o = 0$$

$$P_{BG} \times 0.5 + P_{BC} \times 0.866 = -25.98 \qquad \text{(B)}$$

समीकरणों (A) व (B) को हल करने पर

$P_{BG} = -8.66KN$ (संपीड़न) तथा $P_{BC} = -25KN$ (संपीड़न)

अब संधि बिन्दु G लेने पर

बलों को क्षैतिज व उर्ध्वाधर घटकों में वियोजित करने पर $\sum H = 0;$

$$P_{GF} - P_{AG} + P_{GC} \cos 60^o - P_{GB} \cos 60^o = 0$$

$$P_{GF} - 25.98 + \frac{P_{GC}}{2} - (-8.66 \times \frac{1}{2}) = 0$$

$$P_{GF} + \frac{P_{GC}}{2} = 21.65 \qquad (A)$$

$$\sum V = 0;$$

$$P_{BG} \sin 60^o + P_{GC} \sin 60^o = 0$$

$$P_{GC} \times \frac{\sqrt{3}}{2} + (-8.66) \times \frac{\sqrt{3}}{2} = 0$$

$P_{GC} = 8.66KN$ (तनाव)

P_{GC} का मान समी. (A) में रखने पर

$$\therefore P_{GF} + \frac{8.66}{2} = 21.65$$

$P_{GF} = 17.32\ KN$ (तनाव)

चूंकि truss सममित है तथा अपने बाह्य भार भी सममित है अतः C संधि के दायी तरफ के अवयवों में बल बायी तरफ के संगत अवयवों के बराबर होंगे।

अतः

AG = EF = 25.98KN	(तनाव)
AB = DE = -30KN	(संपीड़न)
BC = DC = -25KN	(संपीड़न)
BG = DF = -8.66KN	(संपीड़न)
GC = FC = 8.66KN	(तनाव)
GF = 17.32KN	(तनाव)

Q. 7.4. चित्र 7.6 में दर्शाये अनुसार, एक framed संरचना में 10KN का केन्द्रीय बल लग रहा है। संधि विधि द्वारा, संरचना के प्रत्येक अवयव में बल के परिमाण व उसकी प्रकृति को ज्ञात कीजिए।

A framed structure of 6 m span is carrying a central load of 10KN as shown in Fig. 7.6. Find by method of joints, the magnitude & nature of forces in all members of structure.

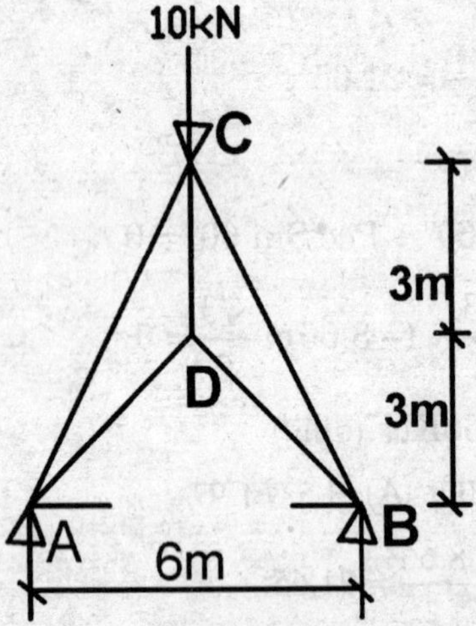

चित्र 7.6

Sol. - संरचना तथा उस पर लगा बाह्य बल सममित है अतः

$$R_A = R_B = \frac{10}{2} KN = 5KN$$

संधि बिन्दु A लेने पर

अब बलों को क्षैतिज व उर्ध्वाधर दिशाओं में वियोजित करने पर;

$\Sigma H = 0;$

$P_{AC} \text{ Cos}63^o.43' + P_{AD} \text{ Cos}45^o = 0$

$0.447 \, P_{AC} + 0.707 \, P_{AD} = 0$ (A)

$\Sigma V = 0;$

$P_{AC} \text{ Sin}63^o.43' + P_{AD} \text{ Sin}45^o + 5 = 0$

$0.894 \, P_{AC} + 0.707 \, P_{AD} = -5$ (B)

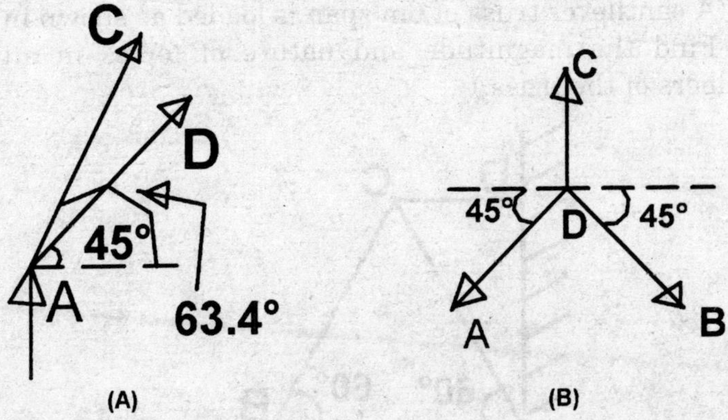

चित्र 7.6. (A, B)

समी. (A) व (B) को हल करने पर –

P_{AC} = -11.18KN (संपीड़न) Ans.

& P_{AD} = 7.06KN (तनाव) Ans.

संधि D लेने पर

बलों के क्षैतिज घटक लेने पर, $\Sigma H = 0$;

$$P_{AD} \cos 45° - P_{BD} \cos 45° = 0$$

$\therefore P_{AD} = P_{BD} = 7.06KN$ (तनाव)

बलों को उर्ध्वाधर वियोजित करने पर; $\Sigma V = 0$;

$$P_{AD} \sin 45° + P_{BD} \sin 45° - P_{DC} = 0$$

$P_{DC} = 7.06 \times \left(\frac{2}{\sqrt{2}}\right) = 9.98KN$ (तनाव)

चूंकि संरचना व उस पर आरोपित बाह्य बल सममित है अतः बिन्दु C के दाये व बायी तरफ संगत अवयवों के बल बराबर होंगे।

अतः $P_{AC} = P_{BC} = -11.18KN$ (संपीड़न)

$P_{AD} = P_{BD} = 7.06KN$ (तनाव) &– $P_{CD} = 9.98KN$ (तनाव)

Q. 7.5. चित्र 7.6 में दर्शायेनुसार 6m पाट की बाहुधरन कैंची पर बाह्य बल आरोपित है। इस कैंची के प्रत्येक अवयव में बल के परिमाण व प्रकृति को ज्ञात कीजिए।

(A cantilever truss of 6m span is loaded as shown in Fig. 7.6. Find the magnitude and nature of forces in all the members of the truss.)

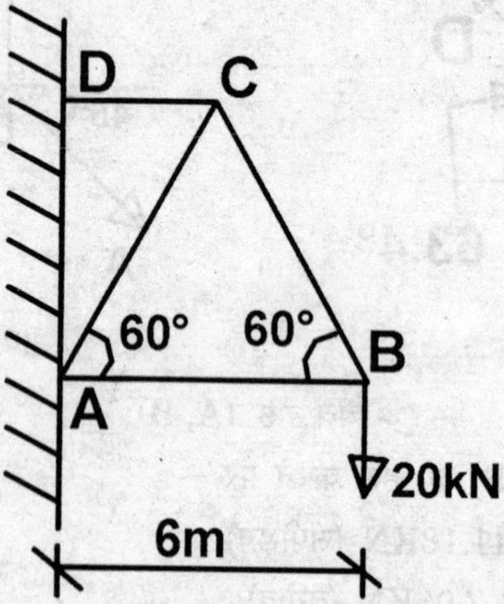

चित्र 7.6

Sol.- बाहुधरन कैंची में A व D बिन्दुओं पर प्रतिक्रिया की गणना करने की आवश्यकता नहीं है। इस तरह की कैंची की गणना के लिए सर्वप्रथम आरोपित बल का संधि बिन्दु B लेंगे।

अब बलों के घटकों को क्षैतिज व उर्ध्वाधर वियोजित करने पर,

$\Sigma V = 0;$

$20 = P_{BC} \text{ Sin } 60^o$

$P_{BC} = 23.09$ KN (तनाव)

$\Sigma H = 0;$

$P_{BC} \text{ Cos } 60^o + P_{AB} = 0$

$P_{AB} = -P_{BC} \text{ Cos } 60^o$

$= -23.09 \times \text{Cos } 60^o = -11.545$ KN (संपीड़न)

अब संधि C लेंगे व बलों के घटकों को क्षतिज व उर्ध्वाधर वियोजित करेंगे।

$\Sigma V = 0;$

$P_{AC} \text{ Sin } 60^o + P_{BC} \text{ Sin } 60^o$

$P_{AC} = -P_{BC}$

$\therefore P_{AC} = -23.09$ KN (संपीड़न)

$\Sigma H = 0;$

$P_{CD} + P_{AC} \text{ Cos } 60 - P_{BC} \text{ Cos } 60 = 0$

$P_{CD} + (-23.09) \text{ Cos } 60^\circ - (23.09) \text{ Cos } 60^\circ = 0$

$P_{CD} = 23.09$ kN (तनाव)

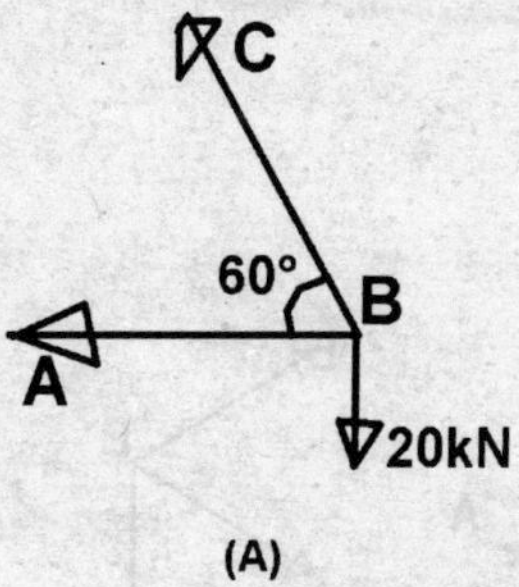

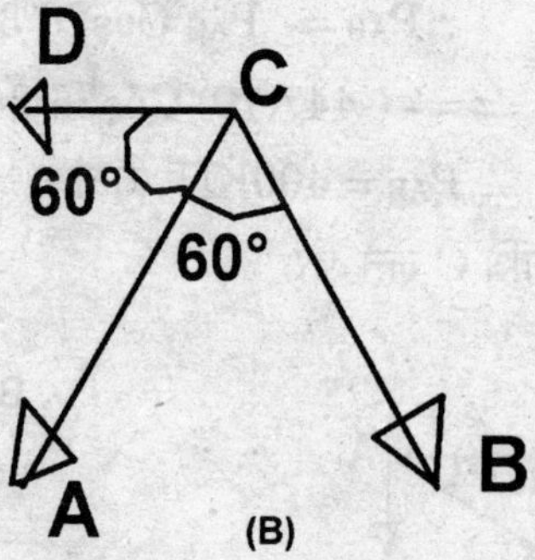

चित्र 7.6 (A, B)

Q. 7.6. संधि विधि द्वारा प्रदर्शित की गई cantilever कैंची के प्रत्येक अवयव में बल ज्ञात कीजिए।

Use method of joints to determine focus in all the members of the cantilever truss shown in Fig. 7.7.

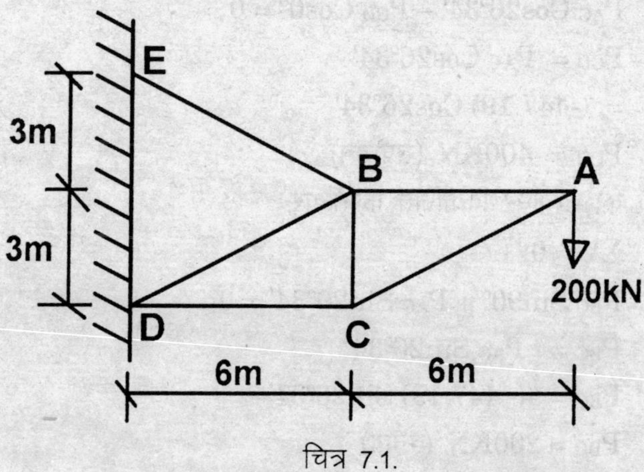

चित्र 7.1.

Sol. - संधि A लेने पर

बलों के घटकों को उर्ध्वाधर वियोजित करने पर,

$P_{AC}\ Sin26^{o}34' + 200 = 0$

$P_{AC} = - 447.19KN$ (संपीड़न)

बलों के घटकों को क्षैतिज वियोजित करने पर –

$P_{AC}\ Cos26^{o}34' + P_{AB}\ Cos0^{o} = 0$

$\therefore P_{AB} = - P_{AC}\ Cos26^{o}34'$

$= - (-447.19)\ Cos26^{o}34'$

$P_{AB} = 400KN$ (तनाव)

संधि C लेने पर

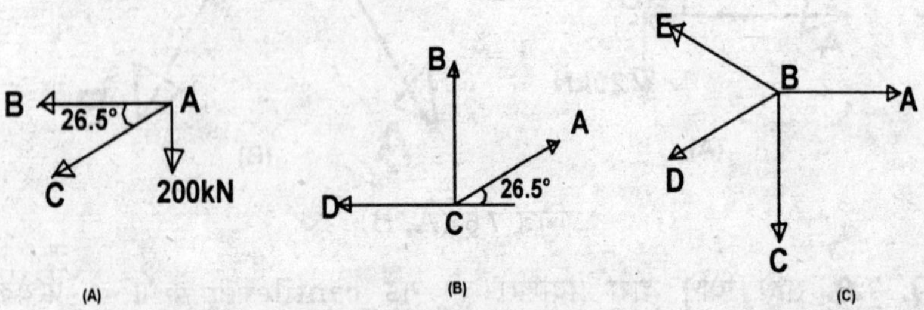

चित्र 7.7 (A, B, C)

बलों को क्षैतिज वियोजित करने पर $\sum H = 0;$

$P_{AC}\ Cos26^{o}34' - P_{CD}\ Cos0^{o} = 0$

$P_{CD} = P_{AC}\ Cos26^{o}34'$

$= (-447.19)\ Cos26^{o}34'$

$P_{CD} = -400KN$ (संपीड़न)

बलों को उर्ध्वाधर वियोजित करने पर,

$\sum V = 0;$

$P_{BC}\ Sin90^{o} + P_{AC}\ Sin26^{o}34' = 0$

$P_{BC} = - P_{AC}\ Sin26^{o}34'$

$P_{BC} = -(-447.19)\ Sin26^{o}34'$

$P_{BC} = 200KN$ (तनाव)

संधि B लेने पर बलों को क्षैतिज व उर्ध्वाधर दिशाओं में वियोजित करने पर

$$\Sigma H = 0;$$

$$P_{BD}\ Cos26^\circ34' + P_{BE}\ Cos26^\circ34' - P_{AB} = 0$$

$$0.894\ P_{BD} + 0.894\ P_{BE} = P_{AB} = 400 \quad (A)$$

$$\Sigma V = 0;$$

$$-P_{BD}\ Sin26^\circ34' + P_{BE}\ Sin26^\circ34' - P_{BC} = 0$$

$$0.447\ P_{BE} - 0.447\ P_{BD} = P_{BC} = 200 \quad (B)$$

$\therefore P_{BE} = 447.19KN$ (तनाव) & $P_{BD} = 0$

7.6. काट विधि (Method of Sections)

किसी **Frame** को काट विधि से हल करने के लिए निम्न बिन्दु ध्यान में रखने है –

(A) एक काल्पनिक काट रेखा जो कैंची (truss) को दो भागों में विभाजित करती है, खीचते है।

(B) यह काट रेखा कैंची (truss) के तीन से अधिक अवयवों को नहीं काटें, इस बात का ध्यान रखा जाता है। यह काट रेखा उन अवयवों से अवश्य गुजरनी चाहिए जिन अवयवों में बल ज्ञात करने हैं। अज्ञात बल तीन से अधिक नहीं होने चाहिए।

(D) काट रेखा के एक तरफ के संरचना के हिस्से को मुक्त पिण्ड की तरह मानते हैं जो ब्राहय बलों के कारण साम्यवस्था में होता हैं।

(E) अतः स्थैतिक समीकरणों ($\Sigma H = 0; \Sigma V = 0;$) तथा साम्यवस्था में संरचना के हिस्से के किसी बिन्दु पर आघूर्ण भान्य होता हैं। ($\Sigma M = 0$) अतः तीन समीकरणों द्वारा अवयवों में अज्ञात बल ज्ञात किए जाते है।

Q 7.7 Q. 7.3 को काट विधि द्वारा हल करो।

Use method of section to find forces in all members of given truss as shown in Fig. 7.9 in Q : 7.3.

Sol. – हम जानते है $R_A = R_E = 15KN$; (सममिती के कारण)

सर्वप्रथम काट (1) – (1) लेंगे जो AB व AG अवयवों को काटता है। कैंची (Truss) के बाये भाग की साम्यावस्था लेने पर;

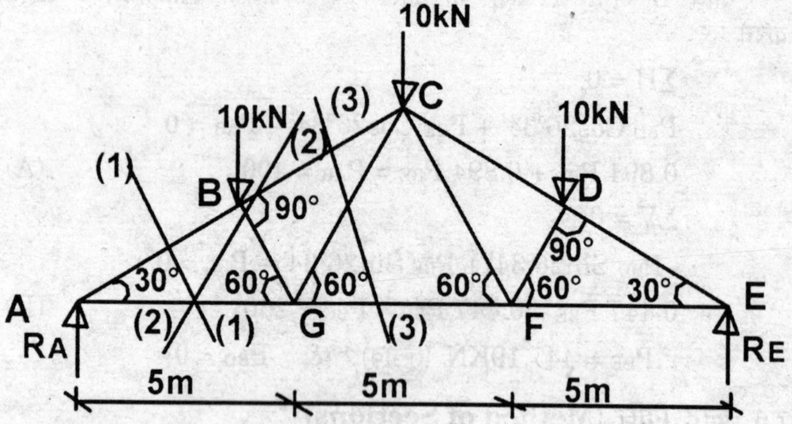

चित्र 7.9

माना P_{AB} = AB अवयव में बल; P_{AG} = AG अवयव में बल;

माना P_{AB} व P_{AG} बल A से दूर कार्य करते है। अर्थात् तनाव प्रदर्शित करते है। बायी तरफ बलों का इस में तल में किसी भी बिन्दु के सापेक्ष आघूर्ण शून्य होगा।

अतः G बिन्दु पर आघूर्ण लेने पर

$$P_{AB} \times BG + 15 \times 5 = 0$$

$$P_{AB} = {-75}/{BG} = \frac{-75}{2.5} = -30KN \text{ (संपीड़न)}$$

अब हम B से AG पर लम्ब रेखा डालेंगे जो AG को G' पर मिलती है।

$\therefore \triangle ABG$ से – $BG' = 2.165m$, $AG' = 3.75m$

काट के बायी तरफ के बलों का B के सापेक्ष आघूर्ण लेने पर,

$$\Sigma M = 0;$$

$$\therefore 15 \times 3.75 - P_{AG} \times 2.165 = 0$$

$$P_{AG} = 25.98KN \text{ (तनाव)}$$

अब काट (2–2) लेने पर, जो अवयव BC] BG व AG को काटता है।

माना P_{BC} = BC अवयव में बल; P_{BG} = BG अवयव में बल, माना, बल P_{BC} व P_{BG} संधि से तनाव द्वारा प्रदर्शित है।

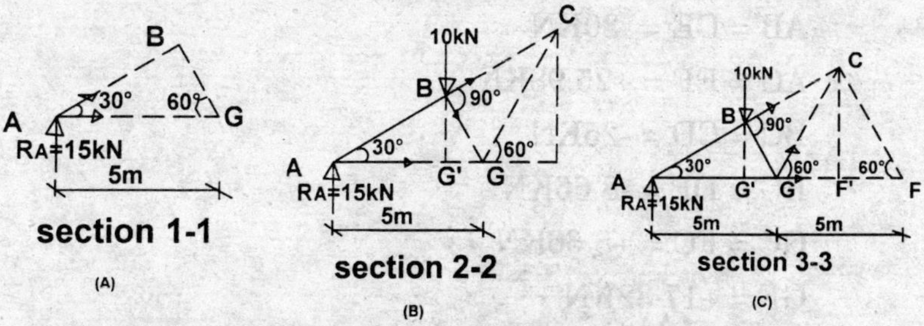

चित्र 7.9 (A,B,C)

अब A के पारित बायी तरफ के सभी बलों का आघूर्ण लेने पर;

$\Sigma M = 0;$

$\therefore P_{BG} \times AB + 10 \times AG' = 0$

$$P_{BG} = \frac{-10 \times 3.75}{4.33} = -8.66KN \text{ (संपीड़न)}$$

अब G के पारित बायीं तरफ के बलों का आघूर्ण लेने पर,

$\Sigma M = 0$

$R_A \times AG + P_{BC} \times BG - 10 \times G'G = 0$

$P_{BC} = -25KN$ (संपीड़न)

अब काट (3–3) लेने पर जो BC, CG व GF अवयवों को काटता है।

अब बायी तरफ के बलों का आघूर्ण C के पारितः लेने पर;

$\Sigma M = 0$

$R_A \times AF' + 10 \times G'F' - P_{GE} \times CF' = 0$

$15 \times 7.5 - 10 \times 3.75 - P_{GF} \times 4.33 = 0$

$\therefore P_{GF} = 17.32$ kN (तनाव)

बायी तरफ के बलों का आघूर्ण A के पारित लेने पर

$10 \times 3.75 - P_{GC} \times AA' = 0$

$$P_{GE} = \frac{10 \times 3.75}{4.33} = 8.66KN \text{ (तनाव)}$$

चूंकि आरोपित बल व कैंची सममित है अतः दायी तरफ के बलों के संगत अवयवों के मान समान होंगे

AB = DE = -30KN

AG = EF = +25.98KN

BC = CD = -25KN

BG = DF = -8.66KN

GC = FC = +8.66KN

GF = +17.32KN

Q. 7.8. काट विधि द्वारा चित्र 7.10 में दर्शाये अनुसार warren girder को सभी अवयवों में बल ज्ञात कीजिए।

(Use method of section to find forces in all the members of given warren girder as Fig. 7.10)

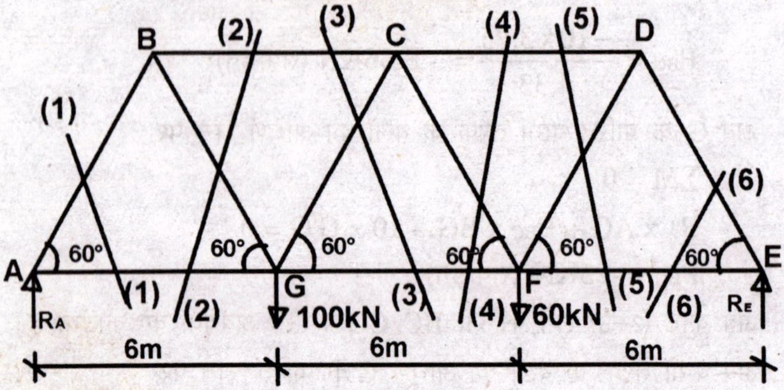

चित्र 7.10

Sol. - सर्वप्रथम हम R_A व R_E ज्ञात करेंगे।

E के पारितः आघूर्ण लेने पर

$$R_A \times 18 = 100 \times 12 + 60 \times 6$$

$$R_A = 86.67KN$$

$$R_E = 73.33KN$$

अब काट (1)–(1) लेने पर जो अवयव AB व AG को काटती है अब काट (1)–(1) के बाये भाग की साम्यवस्था लेने पर, माना P_{AB} व P_{AG} अवयव AB व AG में तनाव बल है।

सर्वप्रथम G के पारितः आघूर्ण लेने पर,

$86.67 \times 6 + P_{AB} \times GG' = 0$

$P_{AB} = -\dfrac{86.67 \times 6}{5.196} = -100KN$ (संपीड़न)

अब B के पारितः आघूर्ण लेने पर,

$R_A \times AB' - P_{AG} \times BB' = 0$

$86.67 \times 3 = P_{AG} \times 5.196$

$P_{AG} = 50KN$ (तनाव)

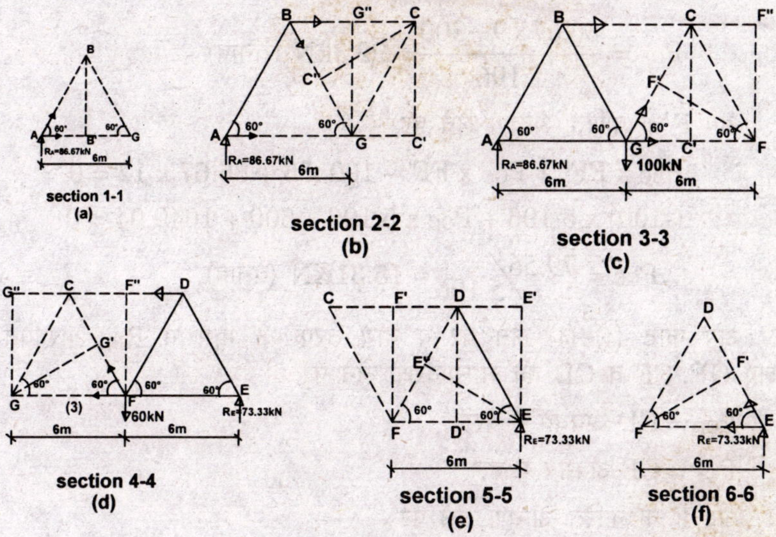

चित्र 7.10 (A, B, C, D, E, F)

अब (2)–(2) काट लेने पर, व बायी तरफ प्रतिक्रिया R_A व BC, AG' व BG अवयवों की साम्यावस्था लेने पर

G के पारितः आघूर्ण लेने पर,

$P_{BC} \times GG'' + 86.67 \times AG = 0$

$P_{BC} = \dfrac{-86.67 \times 6}{5.196} = -100kN$ (संपीड़न)

अब C के पारितः आघूर्ण लेने पर

$P_{BG} \times CC'' - 86.67 \times AC' + P_{AG} \times CC' = 0;$

$$P_{BG} = \frac{86.67 - 50 \times 5.196}{5.196} = 100KN \text{ (तनाव)}$$

अब काट (3)–(3) लेने पर, काट के बायी तरफ के भाग की R_A, आरोपित बल (100KN) व BC, GC व GF अवयवों की साम्यावस्था लेने पर,

माना P_{GC} = अवयव GC में बल P_{GF} = अवयव GF में बल

अब C के पारितः आघूर्ण लेने पर

$$R_A \times 9 - 100 \times 3 - P_{GF} \times CC' = 0$$

$$P_{GF} = \frac{86.67 \times 9 - 300}{5.196} = 92.3kN \text{ (तनाव)}$$

अब F के पारितः आघूर्ण लेने पर

$$P_{BC} \times FF'' + P_{GC} \times FF' - 100 \times 6 + 86.67 \times 12 = 0$$

$$(-100) \times 5.196 + P_{GC} \times 5.196 - 600 + 1040.04 = 0$$

$$\therefore P_{GC} = {}^{79.56}\!/_{5.196} = 15.31KN \text{ (तनाव)}$$

अब काट (4)–(4) लेने पर व दाये तरफ के भाग में R_B, आरोपित बलए GF, CF व CD की साम्यावस्था लेने पर,

P_{CD} = CD अवयव में बल

P_{CF} = CF अवयव में बल,

अब F के पारितः आघूर्ण लेने पर

$$R_E \times EF + P_{CD} \times FF'' = 0$$

$$P_{CD} = -\frac{73.33 \times 6}{5.196} = -84.67KN \text{ (संपीड़न)}$$

अब G के पारितः आघूर्ण लेने पर,

$$R_E \times EG + P_{CD} \times GG'' - 60 \times FG + P_{CF} \times GG' = 0$$

$$73.33 \times 12 + (-84.67) \times 5.196 - 60 \times 6 + P_{CF} \times 5.196 = 0$$

$$\therefore P_{CF} = -15.4KN \text{ (संपीड़न)}$$

• अब काट 5–5 लेने पर, व दायी तरफ के बलों, प्रतिक्रिया व काट अवयवों की साम्यावस्था लेने पर,

माना P_{EF} = EF अवयव में बल,

P_{FD} = FD अवयव में बल

अब D में पारितः आघूर्ण लेने पर

$$73.33 \times 3 = P_{EF} \times 5.196$$

$$P_{EF} = 42.33KN \text{ (तनाव)}$$

अब E के पारितः आघूर्ण लेने पर,

$$(-84.67) \times 5.196 + P_{FD} \times EE'' = 0$$

$$(-84.67) \times 5.196 + P_{FD} \times 5.196 = 0$$

$$P_{FD} = 84.67kN \text{ (तनाव)}$$

अब काट 6–6 लेने पर, व दायी तरफ के बलों, प्रतिक्रिया व काट अवयवों की साम्यावस्था लेने पर, माना P_{ED} = ED अवयव में बल,

अब F में पारितः आघूर्ण लेने पर

$$R_E \times FE + P_{ED} \times FF' = 0$$

$$73.33 \times 6 + P_{ED} \times 5.196 = 0$$

$$P_{ED} = -84.67kN \text{ (संपीड़न)}$$

बलों का सारणीयन रूप

अवयव	बल का परिमाण	अवयव	बल का परिमाण
AB, BC	-100.0 KN	CD,ED	- 84.67KN
AG	+50.0KN	CF	-15.4KN
BG	+100.0KN	EF	+42.33KN
GF	+92.3KN	FD	+84.67KN
GC	+15.31KN		

(+) तनाव; (–) संपीड़न

Q. 7.9. काट विधि द्वारा चित्र 7.11 में दर्शाये अनुसार बाहुधरन कैंची के सभी अवयवों में बल ज्ञात कीजिए।

(Use method of section to find forces in all the members of given Cantilever truss as Fig. 7.11)

हल – काट 1–1 के दायीं तरफ के बलों की साम्यवस्था लेने पर,

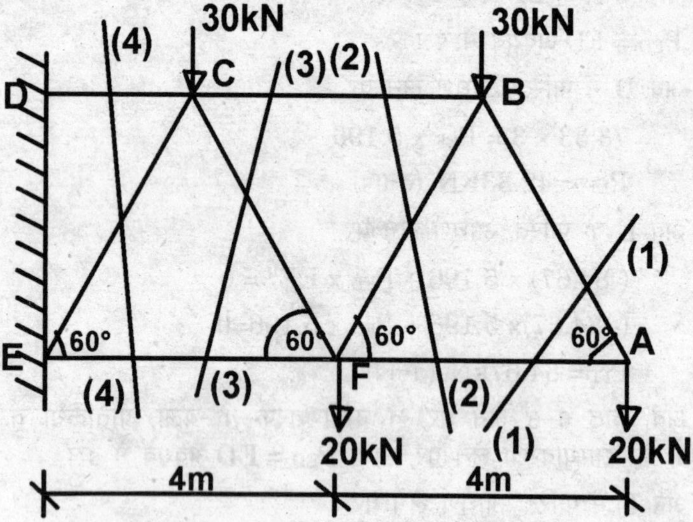

चित्र 7.11

माना P_{AB} = अवयव AB में बल

P_{FA} = अवयव FA में बल

अब B के परितः आघूर्ण लेने पर

20 x A'B + P_{FA} x BB'= 0 (A'B= 2.0m , BB' = 3.464 m)

P_{FA} = - 11.54 kN (संपीड़न)

F के परितः आघूर्ण लेने पर

20 x AF & P_{AB} x FF'= 0; FF' = 3.464m

$$20 \times 4 = P_{AB} \times 3.464 \Rightarrow P_{AB} = 23.1kN \text{ (तनाव)}$$

अब काट 2–2 के दायीं तरफ के बलों की साम्यवस्था लेने पर,

माना P_{BC} = अवयव BC में बल; P_{BF} = अवयव BF में बल;

अब F के परितः आघूर्ण लेने पर

20 x AF + 30 x FB' & P_{BC} x FF' = 0;

$$20 \times 4 + 30 \times 2 = P_{BC} \times 3.464 \Rightarrow P_{BC} = 40.41kN \text{ (तनाव)}$$

A के परितः आघूर्ण लेने पर

$$30 \times AB' + P_{BC} \times AA'' + P_{FB} \times AA' = 0$$

$$30 \times 2 + 40.41 \times 3.464 + P_{FB} \times 3.464 = 0 \Rightarrow P_{FB} = -57.73kN$$

(संपीड़न)

अब काट 3–3 के दायीं तरफ के बलों की साम्यवस्था लेने पर,

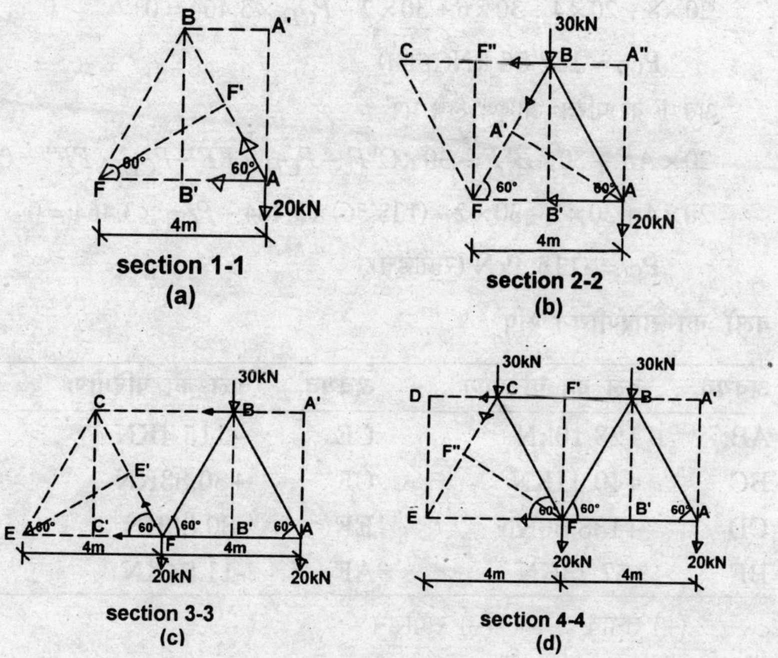

चित्र 7.11 (A, B, C, D)

माना P_{FE} = अवयव FE में बल; P_{FC} = अवयव FC में बल;

अब C के परितः आघूर्ण लेने पर

$$20 \times AC' + 30 \times BC + 20 \times FC' + P_{FE} \times CC' = 0$$

$$\Rightarrow P_{FE} = -80.82kN \text{ (संपीड़न)}$$

अब E के परितः आघूर्ण लेने पर

$$20 \times AE + 30 \times EB' + 20 \times EF - P_{BC} \times CC' - P_{CF} \times EE' = 0$$

$$20 \times 8 + 30 \times 6 + 20 \times 4 - (40.41) \times 3.464 - P_{CF} \times 3.464 = 0$$

$$\therefore P_{CF} = 80.83kN \text{ (तनाव)}$$

अब काट 4–4 के दायीं तरफ के बलों की साम्यवस्था लेने पर,

माना P_{CD} = अवयव CD में बल; P_{CE} = अवयव CE में बल;

अब E के परितः आघूर्ण लेने पर

$$20 \times AE + 20 \times EF + 30 \times B'E + 30 \times EC' - P_{CD} \times ED = 0$$

$$20 \times 8 + 20 \times 4 + 30 \times 6 + 30 \times 2 - P_{CD} \times 3.464 = 0$$

P_{CD} = 138.56 kN(तनाव)

अब F के परितः आघूर्ण लेने पर

$$20 \times AF + 30 \times B'F - 30 \times C'F - P_{CD} \times FF' - P_{CE} \times FF'' = 0$$

$$20 \times 4 + 30 \times 2 - 30 \times 2 - (138.56) \times 3.464 - P_{CE} \times 3.464 = 0$$

P_{CE}= -115.4kN (संपीड़न)

बलों का सारणीयन रूप

अवयव	**बल का परिमाण**	**अवयव**	**बल का परिमाण**
AB,	+23.10kN	CE	- 115.4KN
BC	+40.41KN	CF	+80.83KN
CD	+138.56KN	EF	-80.80KN
BF	-57.73KN	AF	-11.54KN

(+) तनाव; (–) संपीड़न

7.7 बाउ के संकेत (Bow's Notation)

बाउ के संकेतों के अनुसार, प्रत्येक ब्राहय आरोपित बल या अवयवों में बलों को अंग्रेजी की वर्णमाला के अक्षर से या दो संख्याओं, जो कि उस बल की क्रिया रेखा के दोनों तरफ हो, से प्रदर्शित किया जाता है।

चित्र 7.12 में दिखाई गई संरचना के अनुसार बल 20 kN जो संधि या जोड़। पर है उसे 1–5 से प्रदर्शित करते है। इस तरह 30 kN के बल को 1–2 से प्रदर्शित करेंगे। इसी तरह AB अवयव में बल 1–6 से प्रदर्शित करेंगे। इसी प्रकार अन्य अवयवों में बल प्रदर्शित करेंगे।

बाउ के संकेतों का उपयोग ढ़ाचदार संरचना (Frames structure) को लेखाचित्रिय विधि से हल करने के लिए किया जाता है।

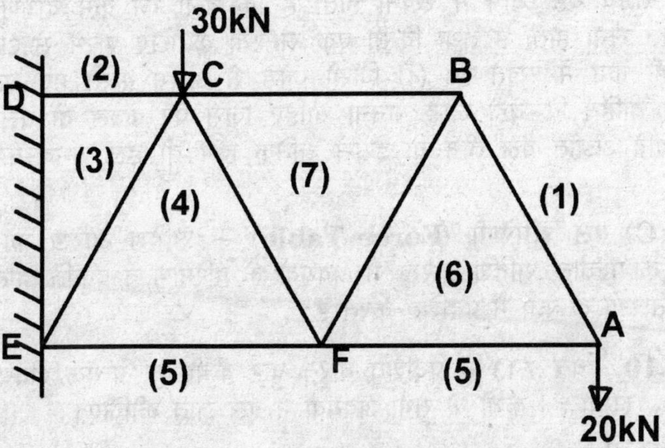

चित्र 7.12

7.8. लेखाचित्रीय विधि (Graphical Method)

लेखाचित्रिय विधि में ढाँचदार संरचना को निम्न पदों में हल किया जाता है।

(A) स्थान आरेख (space diagram) का निर्माण

(B) सदिश आरेख (vector diagram) का निर्माण

(C) सारणी तैयार करना।

(A) स्थान आरेख (Space diagram) – (1) सर्वप्रथम स्थान आरेखी का निर्माण करते है जिसमें दिये गये ढाँचदार संरचना के साथ विभिन्न आरोपित बलों को दर्शाते है। (2) यदि विभिन्न अवयवों के मध्य के कोण दे रखे हो, तो ये कोण भी स्थान आरेख में प्रदर्शित किये जाते है। (3) सम्पूर्ण ढाँचदार संरचना के आरोपित बलों के कारण साम्यावस्था में मानकरण आलम्बों पर प्रतिक्रिया ज्ञात करते है। (4) आलम्बों पर प्रतिक्रिया लेखाचित्रिय विधि से या विश्लेषणात्मक विधियों से ज्ञात की जा सकती है। लेखाचित्रिय विधि में यह आवश्यक नहीं है कि प्रतिक्रियाएं लेखाचित्रिय विधि से ही ज्ञात की जाए।

(B) सदिश आरेख (Vector diagram) – (1) स्थान आरेख निर्माण के पश्चात, किसी पैमाने पर आरोपित बलों व आलम्ब प्रतिक्रिया के साथ सदिश आरेख का चित्रण करते है। (2) इस आरेख के द्वारा ढाँचदार संरचना के अवयवों में बल के परिमाण ज्ञात करते है। (3) किसी जोड़ पर विनिर्देशित आरोपित बलों व प्रतिक्रियाओं के लिए सदिश आरेख का चित्रण

करते समय यह ध्यान में रखना होता है कि बलों का क्रम दक्षिणावृत या वामावृत लेना होता है तथा किसी एक समस्या के लिए प्रारंभ से अन्त तक एक ही क्रम में रखते है। (4) किसी जोड़ से आरंभ करते हुए यह ध्यान रखना चाहिये कि वहीं जोड़ मानना चाहिए जिस पर केवल दो बल अज्ञात हो। यदि अज्ञात बल तीन या इससे अधिक होंगे तो हल संभव नहीं होता है।

(C) बल सारिणी (Force Table) – सदिश आरेख का चित्रण करने के पश्चात्, सदिश आरेख से अवयवों के परिमाण व प्रकृति ज्ञात करके उन्हें सारणी के रूप में प्रदर्शित करते है।

Q. 7.10 चित्र 7.13 में प्रदर्शित वारेन पुल कैंची का प्रत्येक अवयव 6m लम्बा है। कैंची के सभी अवयवों में बल ज्ञात कीजिए।

(Each member of the following Warren Bridge truss (Fig. 7.13) is 6 m long; members of the truss.)

Sol. - माना R_A = बायी तरफ A पर प्रतिक्रिया

R_D = दायी तरफ D पर प्रतिक्रिया है।

D के पारित आघूर्ण लेने पर –

$$R_A \times 12 = 40 \times 3 + 20 \times 9 \qquad R_A = 25KN \ (1)$$

अब $RA + RD = 60$ $\qquad \therefore R_D = 60 - 25 = 35KN$

संख्यायें 1, 2, 3, 4, 5, 6 तथा 7 स्थान आरेख में बाऊ के संकेतों के अनुसार रखते है। सदिश आरेख के लिए पैमाने का चुनाव करते है। माना 1 cm = 10 KN

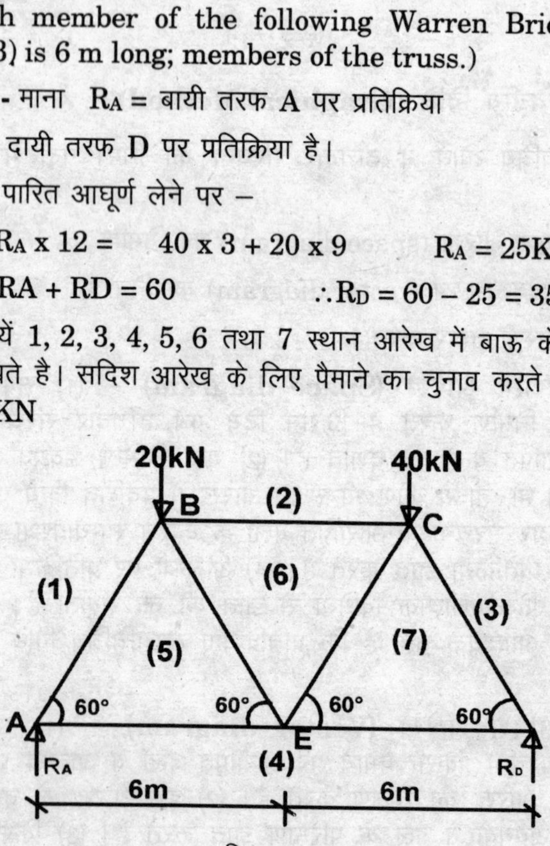

चित्र 7.13

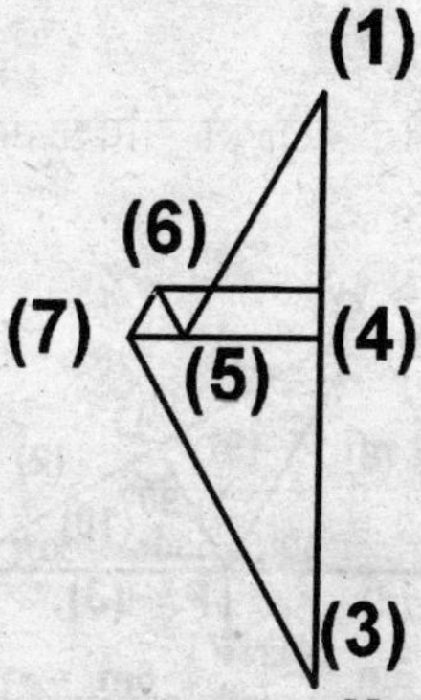

चित्र 7.13A

सारणी

अवयव	बल
1 – 5 (AB)	-29KN
2 – 6 (BC)	-17KN
3 – 7 (CD)	-40KN
4 – 7 (ED)	+19KN
4 – 5 (AE)	+15KN
5 – 6 (BE)	+6KN
6 – 7 (CE)	-6KN

(– संपीड़न) (+ तनाव)

Q. 7.11. चित्र (7.14) में प्रदर्शित कैंची के प्रत्येक अवयव में बल का परिमाण व उसकी प्रकृति ज्ञात कीजिए।

(Determine forces in all the members of the truss shown in Fig. (7.14) indicating their nature).

Sol. – माना R_A जोड़ A पर प्रतिक्रिया R_B = जोड़ E पर प्रतिक्रिया

E के पारित: आघूर्ण लेने पर,

$R_A \times 18 = 30 \times 13.5 + 50 \times 12 + 30 \times 6$; $R_A = 65.83KN$ (↑)

$\therefore R_E = 44.17KN$ (↑)

अब प्रतिक्रियाओं तथा आरोपित बलों से सदिश आरेख बनाते है। पैमाना 1cm = 10KN

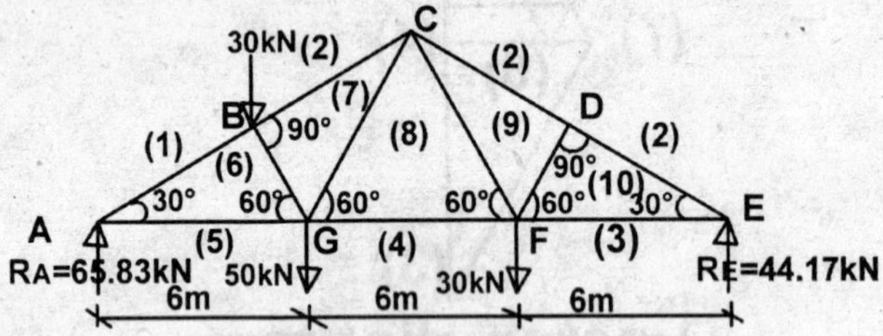

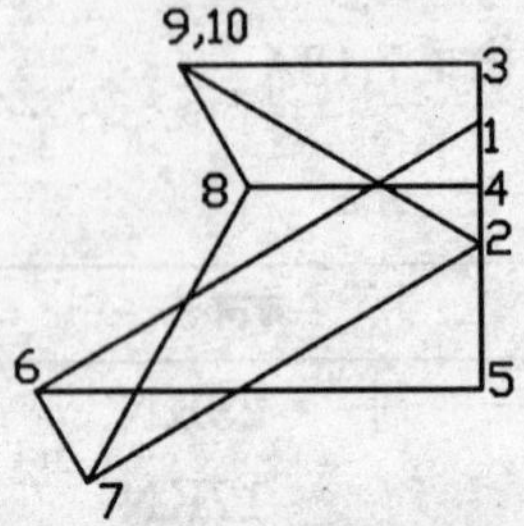

(vector diagram)

चित्र 7.14

सारणी

अवयव	बल	अवयव	बल
1 – 6 (AB)	-132KN	8 – 7(GC)	+82KN
2 – 7 (BC)	-118KN	7 – 6 (BG)	-25KN
2 – 9 (CD)	-90KN	6 – 5(AG)	+114KN
2 – 10 (DE)	-90KN		
3 – 10 (FE)	+88KN		
10 – 9 (FD)	0		
9 – 8 (FC)	+35KN		
8 –4 (GF)	+62KN		

(– संपीड़न) (+ तनाव)

Q. 7.12 चित्र 7.15 में दी गई कैंची के प्रत्येक अवयव में बल के परिमाण की गणना कीजिए।

(Determine Forces in all members of the following truss)

हल- E के पारितः आघूर्ण लेने पर,

$R_A \times 18 = 60 \times 3 + 30 \times 12$

$R_A = 30KN (\uparrow)$ & $R_E = (60 + 30) - 30 = 60 KN (\uparrow)$

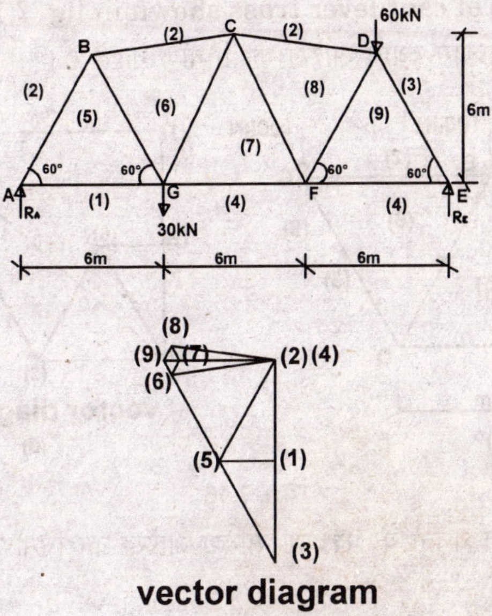

चित्र 7.15

अब सदिश आरेख, आरोपित बलों, प्रतिक्रियाओं व अवयवों से बनायेंगे। पैमाना 1 cm = 10 kN

सारणी

अवयव	बल	अवयव	बल
1 – 5 (AG)	+ 17KN	9 -8 (ED)	- 5KN
2 – 5 (AB)	- 35KN	4 – 7 (EG)	+ 30KN
2 – 6 (BC)	- 32KN	7 – 8 (EC)	+ 5KN
2 – 8 (CD)	- 32KN	7 – 6 (BG)	+ 5KN

3 – 9 (DE)	- 70KN	6 – (BG)	+ 30KN
4 – 9 (EF)	+ 35KN		

(– संपीड़न) (+ तनाव)

Q. 7.13 चित्र 7.16 में दर्शायी गई बाहुधरन कैंची के विभिन्न अवयवों में बल व आलम्बों पर प्रतिक्रियाएं ज्ञात कीजिए।

(Find out the reactions at the supports & forces in all the members of cantilever truss shown in fig. 7.16)

हल – सर्वप्रथम स्थान आरेख का निर्माण करते है।

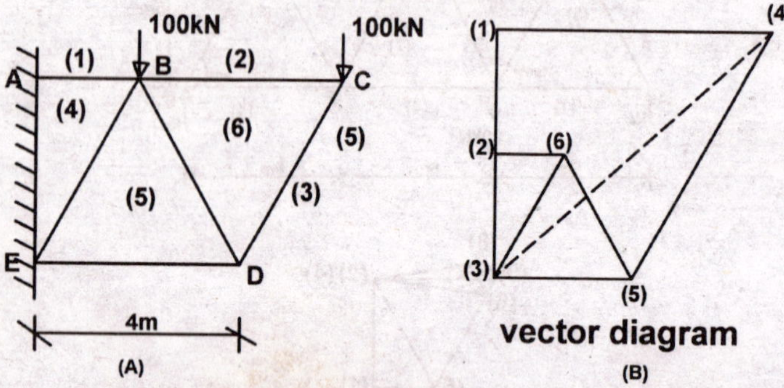

चित्र 7.16

स्थान आरेख बनाने के पश्चात, सदिश आरेख का निर्माण करेंगे। पैमाना 1 cm = 50 kN

सारणी

अवयव	बल
2 – 6 (BC)	+ 60KN
3 – 6 (CD)	- 120KN
6 – 5 (BD)	+ 120KN
5 – 3 (DE)	- 120KN
5 – 4 (BE)	- 240KN
1 – 4 (AB)	+ 240KN

(– संपीड़न) (+ तनाव)

R_A प्रतिक्रिया 1–4 बल के बराबर व विपरीत दिशा में होगी।

$$R_A = 240KN\ (\leftarrow)$$

R_E प्रतिक्रिया 3-4 से प्रदर्शित की गई है।

$$R_E = 320KN\ (\rightarrow)$$

अतिरिक्त उदाहरण

Q 7.14 चित्र 7.17 में दर्शाये अनुसार, कैंची के सभी अवयवों में बल तथा आलम्बों पर प्रतिक्रिया ज्ञात कीजिए।

(Determine reactions at supported forces in all members of the truss shown below (Fig. 7.17). Use Graphical method or any other method.)

हल – आलम्ब A पर केवल एक उध्व्राधर प्रतिक्रिया होगी। अतः D के पारितः आघूर्ण लेने पर,

$$R_A \times 6.928\ m = 40 \times 6 + 80 \times 3$$

$$R_A = 69.2\ kN\ (\uparrow)$$

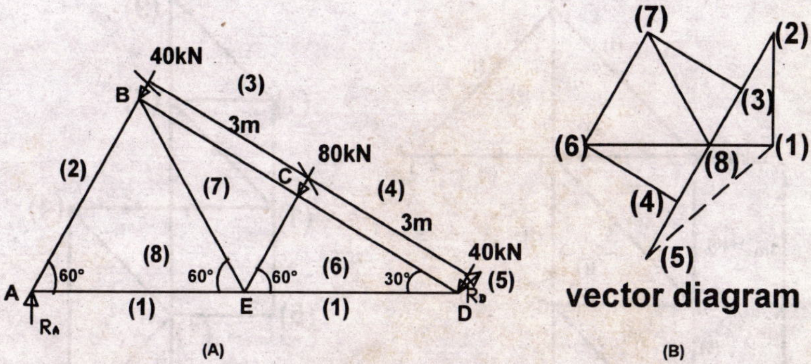

चित्र 7.17

स्थान आरेख के पश्चात्, सदिश आरेख का चित्रण करते है। सदिश आरेख के लिए पैमाना 1 cm = 10 kN

सारणी

अवयव	बल	अवयव	बल	अवयव	बल
2 – 8 (AB)	- 80KN	1 – 6(ED)	+118KN	7 – 8 (EB)	+76KN

3 – 7 (BC) - 66KN 6 – 7(EC) -76KN (1 – 8) (EA) +40KN
4 – 6 (CD) - 67KN

R_D प्रतिक्रिया सदिश आरेख में 1-5 से प्रदर्शित है।

अतः $R_D = 108$ kN

जिसका क्षैतिज के साथ झुकाव 42° है।

Q 7.15 चित्र (7.18) में दर्शाये अनुसार की गई कैंची के नत अवयवों में बल ज्ञात कीजिए।

(Determine the forces in the inclined members of truss shown in Fig. (7.18)).

हल. चूंकि E पर बेलनाकार आलम्ब (Roller support) है अतः E पर एक ही उर्ध्वाधर प्रतिक्रिया होगी। F के पारितः आघूर्ण लेने पर,

$$R_E \times 3 + 20 \times 6 + 20 \times 3 = 0$$

$$R_E = 60 \text{ kN } (\downarrow)$$

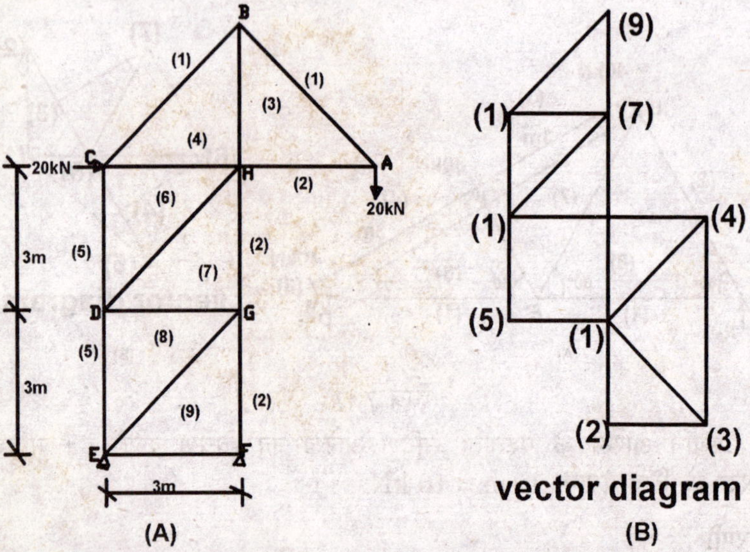

चित्र 7.18

सर्वप्रथम स्थान आरेख का चित्रण करेंगे। स्थान आरेख के पश्चात् सदिश आरेख का चित्रण करेंगे। जिसमें पैमाना 10 kN = 1cm

सारणी

अवयव	बल
1 – 3 (AB)	+ 28.28KN
1 – 4 (BC)	+ 28.28KN
6 – 7 (DH)	+ 28.28KN
8 – 9 (EG)	+ 28.28KN

प्रश्नमाला 7

Q. 1. चित्र 7.20 में दर्शायी गई कैंची के प्रत्येक अवयव में बल किसी भी विधि से ज्ञात कीजिए।

Determine forces in all the members of the truss shown as in Fig. (7.20). Use any method.

Ans. - AB = -36.66 kN, BC = -26.7 kN, CD = -5 kN, DE = - 20 kN, EF = -13 kN, FB = 12.5 kN, EB = -7.5 kN, EC = + 8.3 kN (+ तनाव) – (संपीड़न)

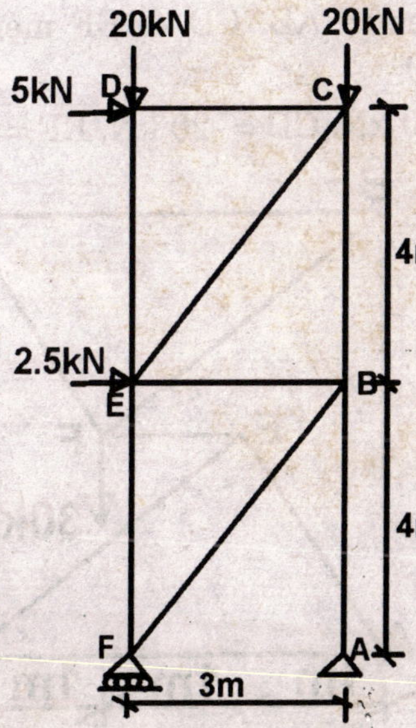

चित्र 7.20

Q. 2. चित्र 7.21 में दर्शाये अनुसार फ्रेम के CD, DG व GH अवयवों में बलों की गणना कीजिए।

From method of section, calculate forces in members, DG & GH of the frame loaded as shown in Fig. 7.21

Ans. - CD = -33.53 kN, DG = -12.73 kN, GH = + 32.73 kN (–संपीड़न) (+ तनाव)

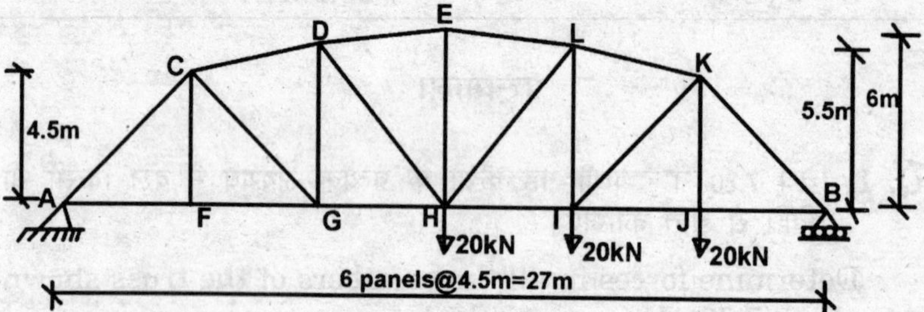

चित्र 7.21

Q. 3. चित्र 7.22 में दर्शाये अनुसार ढांचे (फ्रेम) के AB व CD व EF अवयवों में बल ज्ञात कीजिए।

(Find the forces in AB, CD & EF member of a given frome in Fig. (7.22))

Ans. – AB = -10 kN, CD = -20 kN, EF = 0

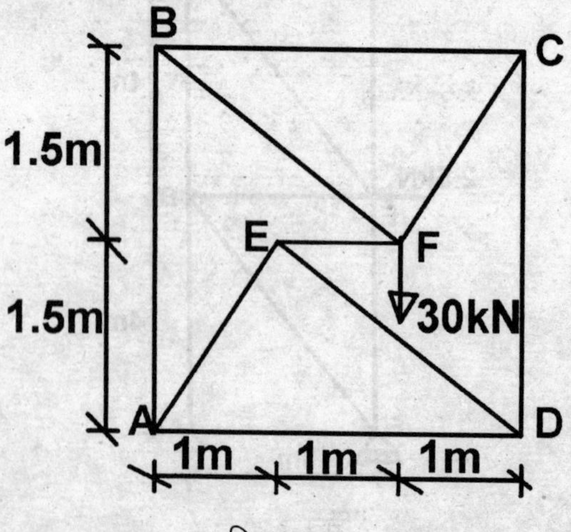

चित्र 7.22

Q. 4. चित्र 7.23 में दर्शायेनुसार, कैंची के सभी अवयवों में बल की गणना करों।

(Determine forces in all members of the truss shown in Fig. 7.23)

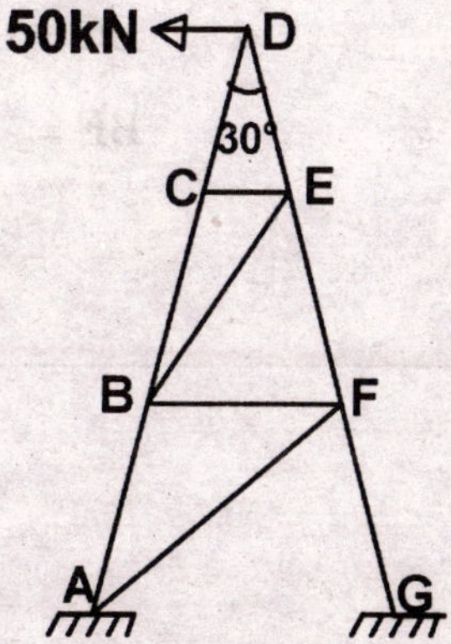

चित्र 7.23

Ans. – CE = 0, BF = 0, BE = 0, AF = 0, ED = +96.5 kN, EF = 96.5 kN, CD = -96.5 kN, BC = -96.5 kN, & EG = +96.5 kN.

Q. 5. चित्र (7.24) में दिखाई गई बाहुधरन कैंची के प्रत्येक अवयव में बल ज्ञात कीजिए।

(Determine forces in all the members of cantilever truss as shown in Fig. (7.24))

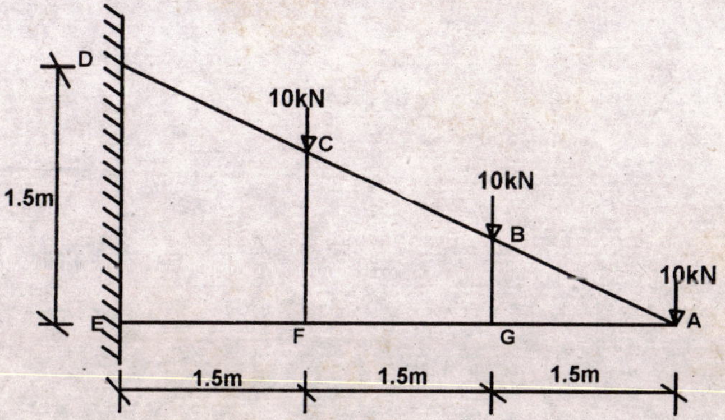

चित्र 7.24

Ans. –

EF = -337KN	FC = +5KN
FG = -22.5KN	EC = -15KN
GA = -22.5KN	BG = 0
DC = +40.1KN	BF = -12.25KN
CD = +36.8KN	
BA = +24.5KN	